写给孩子的知识启蒙书

藏在万物里的化学

主编◎蒋福宾　文/图◎王　燕

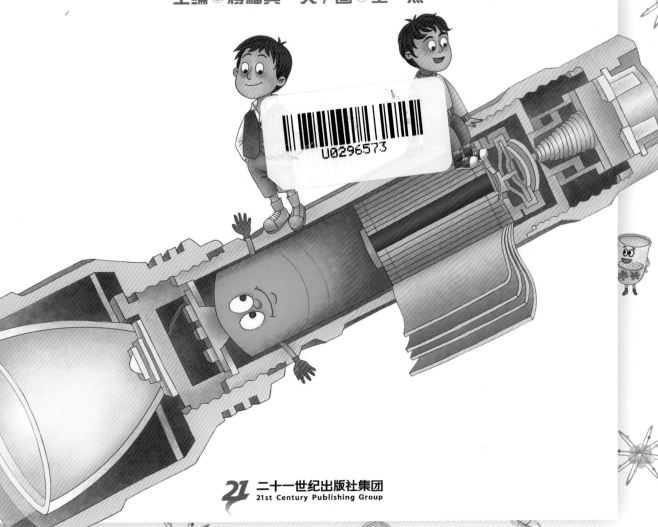

21 二十一世纪出版社集团
21st Century Publishing Group

图书在版编目（CIP）数据

藏在万物里的化学 / 蒋福宾主编；王燕文、图 . ——
南昌 : 二十一世纪出版社集团 , 2023.7
（写给孩子的知识启蒙书）
ISBN 978-7-5568-7618-1

Ⅰ . ①藏… Ⅱ . ①蒋… ②王… Ⅲ . ①化学—少儿读
物 Ⅳ . ① O6-49

中国国家版本馆 CIP 数据核字 (2023) 第 123464 号

藏在万物里的化学　　主编　蒋福宾　文/图　王　燕

出 版 人	刘凯军
责任编辑	方　敏
特约编辑	方子扬
美术编辑	雷　燕
封面设计	胡　恺
出版发行	二十一世纪出版社集团
	（江西省南昌市子安路 75 号　　330025）
网　　址	www.21cccc.com
经　　销	全国新华书店
印　　刷	江西茂源艺术印刷有限公司
版　　次	2023 年 7 月第 1 版
印　　次	2023 年 7 月第 1 次印刷
开　　本	889 mm×1194 mm　1/16
印　　数	1~5,000 册
印　　张	8.25
字　　数	220 千字
书　　号	ISBN 978-7-5568-7618-1
定　　价	88.00 元

赣版权登字 -04-2023-446　版权所有，侵权必究

前言

化学是什么？

化学是衣服上缤纷绚丽的色彩，是装点城市夜空的霓虹灯。

化学是气鼓鼓的薯片包装袋，是切开后变黑的苹果。

··············

化学从来不是一门困在实验室里的科学。在"化学"这门学科还没有出现时，化学反应就早早出现了，如今我们的生活更是处处离不开化学，甚至每时每刻的呼吸都蕴含着化学变化。

化学是神奇而又充满乐趣的，学习化学可不能只是乏味地背诵原理公式。《藏在万物里的化学》就是一本有趣的科普读物，不同于传统的化学教材，它以孩子们乐于接受的形式来普及化学知识。在这里，化学小分子"活"了过来，它们偷偷地发生反应，产生奇妙的变化。孩子们在生动的文字、活泼的画面引领下，不知不觉中就学会了很多知识，主动思考了一些问题，并动手操作了简单的实验，化学世界的大门便打开了。

愿孩子们能从这本书中收获知识，点亮好奇，享受快乐。

目录

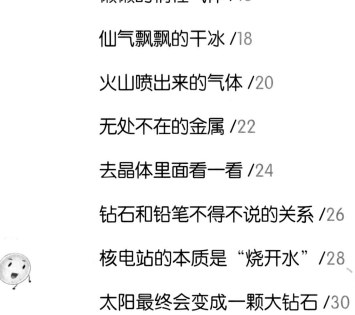

Part 4 自然界的化学

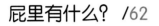

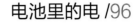

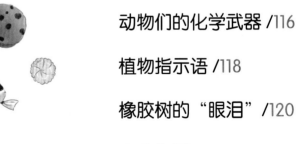

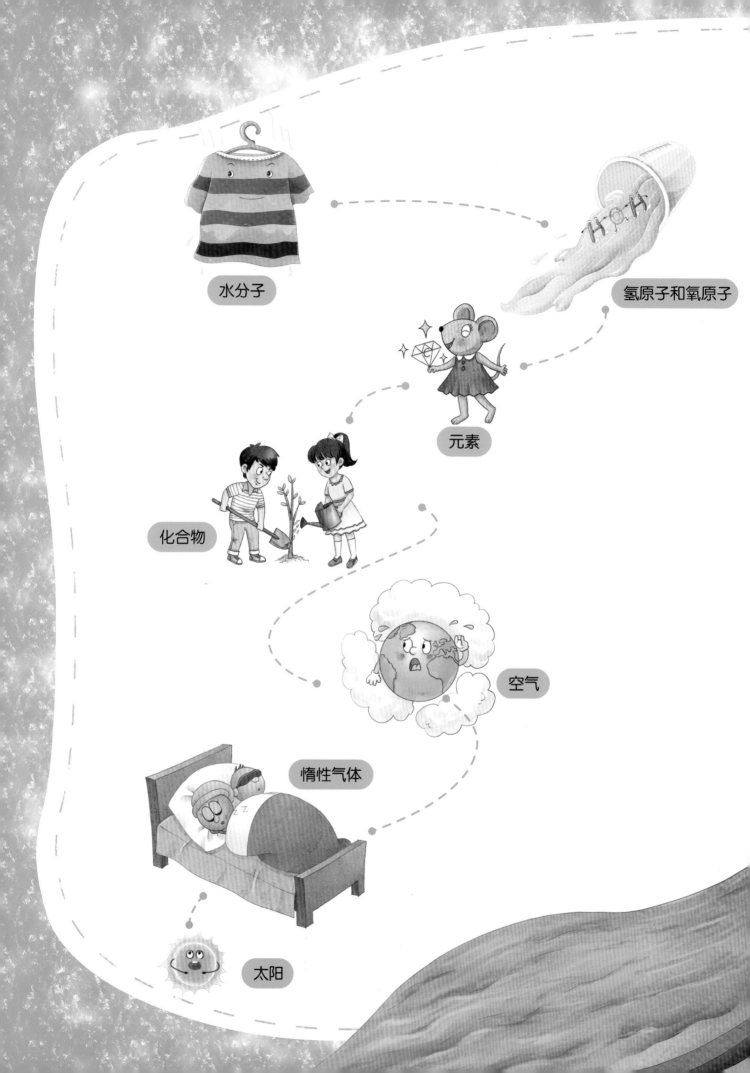

水分子

氢原子和氧原子

元素

化合物

空气

惰性气体

太阳

Part 1 化学的世界

火山喷发

分子的世界

当你走过一家蛋糕店时，往往会闻到浓郁的糕点香气。你有没有想过，那些香味究竟是怎么飘进你的鼻子中的？这些现象在很久以前就引起了一些学者的探究兴趣，为了解释这些现象，他们不懈研究，最终发现这一切与一种微小的粒子——分子有关。

分子是不断运动的。气味分子在空气中不断运动，飘进我们的鼻子，我们才能闻到气味。

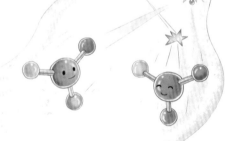

分子间是有间隔的。把 100 毫升水和 100 毫升酒精混合后，液体体积小于 200 毫升，这是因为水分子间和酒精分子间都有间隔，当混合时，水分子和酒精分子进入彼此的间隔中，导致体积小于 200 毫升。

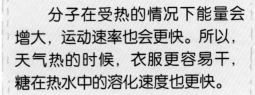

分子在受热的情况下能量会增大，运动速率也会更快。所以，天气热的时候，衣服更容易干，糖在热水中的溶化速度也更快。

H_2O

世界上很多物质都是由分子构成的，并且很多现象都与分子的运动有关。也许你会问：既然如此，为什么我从没见过分子呢？原来呀，分子非常小，即使是小小的沙粒也比它大无数倍。假如想数清一滴水中的水分子，就需要十亿人日夜不停地数上 3 万多年。不过，随着科学的发展，现在我们不仅可以借助科学仪器观察分子，更能移动它，甚至分割它了。

湿衣服中的水分子在太阳的照射下扩散到空气中，湿衣服就干了。

小实验：水变黑了

实验步骤：

1. 将一滴墨水滴入清水中，静置，观察发生的现象。

2. 我们会发现，墨水在水中不断扩散，最终整杯水都被墨水染色了。

了不起的原子

我们已经知道，世界上的很多物质是由分子构成的，那么分子又是由什么构成的呢？分子由原子构成，你可以把原子看作一块块微小的"积木"，植物、动物、美食，甚至你和我都是由无数个原子构成的。

最早提出原子概念的是古希腊人留基伯，但当时原子的意义和现在并不相同，是用来表示构成具体事物的最基本的物质微粒，意为"不可分"。

原子由原子核和核外电子构成，原子核位于原子的中心，核外电子始终围绕原子核作高速运转。原子核由质子和中子构成。

不同原子内部的质子数、中子数和核外电子数是不同的，比如，氢原子有1个质子和1个核外电子，没有中子，而氧原子则有8个质子、8个中子和8个核外电子。

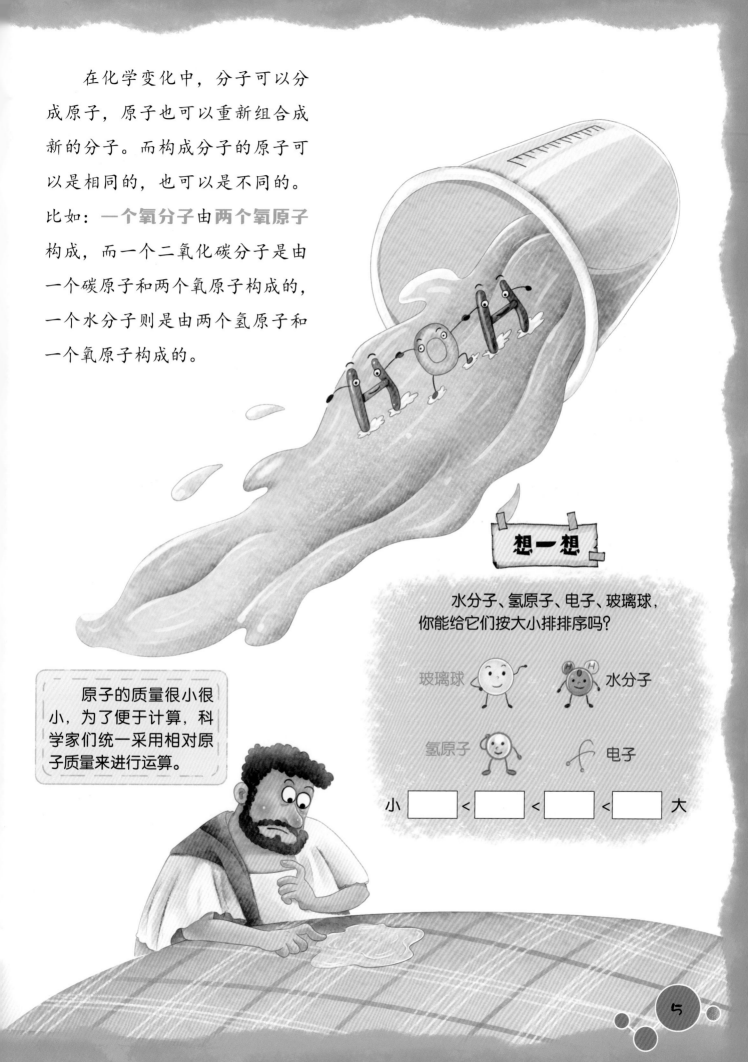

在化学变化中，分子可以分成原子，原子也可以重新组合成新的分子。而构成分子的原子可以是相同的，也可以是不同的。比如：**一个氧分子**由**两个氧原子**构成，而一个二氧化碳分子是由一个碳原子和两个氧原子构成的，一个水分子则是由两个氢原子和一个氧原子构成的。

原子的质量很小很小，为了便于计算，科学家们统一采用相对原子质量来进行运算。

想一想

水分子、氢原子、电子、玻璃球，你能给它们按大小排排序吗？

玻璃球　　　　　水分子

氢原子　　　　　电子

小 □ < □ < □ < □ 大

元素周期表

小朋友，你最爱吃哪种口味的糖果？商场货架上糖果琳琅满目，口味千差万别，但它们都属于糖这个大类。原子也有这样的属性，科学家们将原子分成各种大类，同一类型的原子就是一种元素。目前世界上已被发现的元素虽然只有一百多种，但它们组成的物质却成千上万。

带 * 的是人造元素

1 H 氢											
3 Li 锂	4 Be 铍										
11 Na 钠	12 Mg 镁										
19 K 钾	20 Ca 钙	21 Sc 钪	22 Ti 钛	23 V 钒	24 Cr 铬	25 Mn 锰	26 Fe 铁	27 Co 钴	28 Ni 镍	29 Cu 铜	30 Z
37 Rb 铷	38 Sr 锶	39 Y 钇	40 Zr 锆	41 Nb 铌	42 Mo 钼	43 Tc 锝	44 Ru 钌	45 Rh 铑	46 Pd 钯	47 Ag 银	48 C
55 Cs 铯	56 Ba 钡	57~71 La~Lu 镧系	72 Hf 铪	73 Ta 钽	74 W 钨	75 Re 铼	76 Os 锇	77 Ir 铱	78 Pt 铂	79 Au 金	80 H
87 Fr 钫	88 Ra 镭	89~103 Ac~Lr 锕系	104 Rf 𬬻*	105 Db 𬭊*	106 Sg 𬭳*	107 Bh 𬭛*	108 Hs 𬭶*	109 Mt 鿏*	110 Ds 𫟼*	111 Rg 𬬭*	112

| 镧系 | 57 La 镧 | 58 Ce 铈 | 59 Pr 镨 | 60 Nd 钕 | 61 Pm 钷 | 62 Sm 钐 | 63 Eu 铕 | 64 Gd 钆 | 65 |
| 锕系 | 89 Ac 锕 | 90 Th 钍 | 91 Pa 镤 | 92 U 铀 | 93 Np 镎 | 94 Pu 钚 | 95 Am 镅* | 96 Cm 锔* | 97 |

氢—H

氧—O

用文字表示元素组成的物质非常复杂，所以科学家们选择用每种元素拉丁文名称的首字母代替。比如，氢元素—H、氧元素—O。如果有的元素拉丁文名称首字母相同，就再加一个小写字母来区分。比如，铜—Cu、钙—Ca。

6

第一代化学元素周期表是由俄国化学家门捷列夫于1869年总结发表的。

物质世界中的元素就像商场里的商品，如果杂乱无章地摆放，既不方便寻找，也不方便使用。因此，科学家们像商场的员工一样，按照元素的结构和性质将它们分门别类地摆放在"货架"上，这样就得到了我们熟知的**元素周期表**。现在，随着科学研究的进步，被发现的元素数量越来越多，元素周期表这个"大货架"也一直被不断摆上新的"商品"。

元素的中文名用偏旁来表示特性，带有"钅"的表示金属元素；带有"石"的表示固态非金属元素；带有"气"的表示气态非金属元素；带有"氵"的表示液态非金属元素。其中"汞"是一个例外，汞虽然是金属元素，但通常状况下是以液态形式存在的。

水里的秘密

地球虽然被称为地球，但它的表面有 71% 都被水覆盖着。可以说，水是地球上最常见的物质之一，从江河湖海到生物体内，水无处不在。它是生命衍生之源，也是生产、生活之基。不过，虽然我们和水朝夕相处，但是你真的了解水吗？

80%水

70%水

很久以前，人们把水当作组成世界的基本元素之一，认为水不可分解。直到 18 世纪末，人们在进行氢气的燃烧实验时，意外发现氢气在空气或氧气中燃烧后能生成水，水的神秘面纱才慢慢被揭开。

2H

H_2O

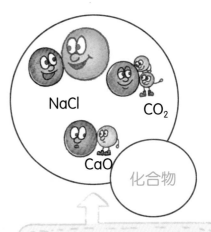

NaCl

CO_2

CaO

化合物

1个水分子是由2个氢原子和1个氧原子构成的,它的化学式写成 H_2O。

H_2O

由同一种物质组成的就是纯净物,比如单纯的水就是纯净物,但是生活中的自来水、井水、河水等含有许多其他物质,就不是纯净物了。

像水一样,由两种或两种以上元素组成的纯净物叫化合物。生活中常见的化合物还有**食盐**(NaCl)、**二氧化碳**(CO_2)、**生石灰**(CaO)等。

虽然地球的总储水量很大,但其中不能直接利用的海水占了绝大部分。因此,世界水资源状况不容乐观,保护和节约水资源是每个地球公民的责任与义务。

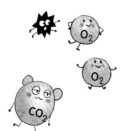

并不空的空气

空气是生物能够繁衍生息的基础，虽然它看不见，也摸不着，但只要你足够细心，就能在一些细微之处发现它的踪迹。比如当起风时，我们能感觉到风吹过脸颊，这就是空气。

虽然空气是透明的，但它的成分其实很复杂，远没有看起来那么"单纯"。如果把空气看作一座房子，它里面的住户有**氮气、氧气、稀有气体、二氧化碳、其他气体和杂质**。其中，氮气拥有最大的"卧室"，占据了空气中接近五分之四的地盘。位居第二的氧气，占领了剩余的五分之一的地盘。而剩下的那四位呢，只能生活在余下那极小的一部分里了。

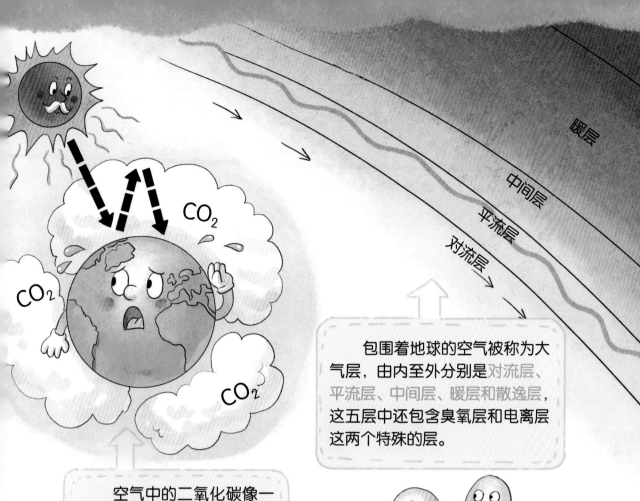

散逸层

暖层

中间层

平流层

对流层

CO_2

CO_2

CO_2

CO_2

包围着地球的空气被称为大气层，由内至外分别是对流层、平流层、中间层、暖层和散逸层，这五层中还包含臭氧层和电离层这两个特殊的层。

空气中的二氧化碳像一层厚厚的玻璃，能够帮助地球留下阳光带来的热量，但是如果二氧化碳过多，就会产生危害很大的温室效应。

由多种物质混合而成的物质叫作混合物，空气是最有代表性的混合物之一。

保护和净化空气的方式有很多，比如选择步行、骑行等低碳出行方式，植树、种草等等。

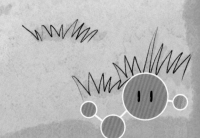

氧气的发现

氧气对于生命有着至关重要的意义，但人们发现氧气的历史却并不长。在很久以前，人们认为空气是一种单一的元素，直到 1772 年，瑞典药剂师舍勒发现，空气中存在一种可以让蜡烛燃烧得更加剧烈的气体，他把这种气体命名为"**火焰空气**"。后来，英国牧师普里斯特利也发现了氧气，并且对拉瓦锡讲述了自己的发现。

火焰空气

舍勒

普里斯特利

拉瓦锡

拉瓦锡被普里斯特利关于氧气的研究吸引，也开始了实验。在实验中，拉瓦锡发现，物质燃烧后留下的灰烬比它原本的重量更大。所以他推测，物质在燃烧时一定与空气中的什么物质进行了结合。最终，拉瓦锡通过曲颈瓶加热水银的实验证明了那种物质的存在，并将其命名为"Oxygen"。后来，我国清代科学家徐寿将它翻译为"养气"。

Oxygen ➡ 氧气

徐寿

O_2

拉瓦锡是法国化学家，他创立了"氧化学说"，发表了第一个现代化学元素列表，被称为"现代化学之父"。

氧气的化学式写作 O_2，它的化学性质活泼，有助燃性，在其他条件相同的情况下，氧气浓度越高，可燃物燃烧越剧烈。

通常情况下，氧气是无色无味的气体，液体氧是淡蓝色的，固体氧呈淡蓝色雪花状。

拉瓦锡与天体力学主要奠基人拉普拉斯合作，通过豚鼠、冰块和精密的仪器进行实验，最终发现了氧气和呼吸的关系。

人体内储存的氧气其实很少，需要随时呼吸，如果缺氧，就会出现呼吸困难、神志不清等现象。但是如果吸入氧气过多，也会产生氧中毒的现象。

小实验

实验步骤：

1. 用杯子罩住点燃的蜡烛，看看会发生什么？

2. 我们发现，杯中蜡烛的火苗变得越来越小，最终熄灭了。这就是氧气被燃尽的证明。

1.

2.

3.

4.

轻轻的氢气

氦气

氨气

甲烷

氮气

空气

小朋友们的童年似乎少不了气球的身影，而最吸引人的，要属那飘来飘去的氢气球。为什么氢气球能飘在空中，而我们自己吹起来的气球却不行呢？这就要从氢气球里填充的气体——氢气开始说起了。

每种气体都有自己的密度，密度越小的气体，重量也就越轻。氢气的密度比空气小，氢气球也就比普通气球轻。

一个氢分子由两个氢原子构成，它的化学式写作 H_2。

除了氢气外，常见的比空气轻的气体还有氦气、氮气、氨气、甲烷等。

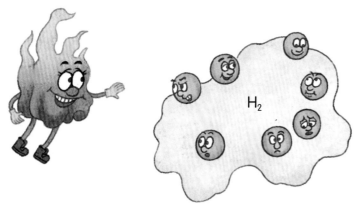

H_2

氢气球受到的空气浮力大于自身的重量，因此它就能飘在空中了。不过，氢气本身是一种易燃易爆的气体，当空气中的氢气含量达到一定程度时，遇到明火就会发生爆炸。所以现在已经有很多气球内填充的是更为安全和稳定的氦气了。

1780 年，法国化学家布拉克将氢气灌入猪膀胱中，制成了世界上第一个氢气球。从此之后，氢气球不断发展，在载人飞行、气象探测等领域都有应用。

懒懒的惰性气体

空气中的气体成分复杂，气体们的"性格"也各不相同，氮气数量众多，但"低调沉稳"；氢气"脾气火暴，一点就着"；而氧气则像个"社交达人"，和谁都想"反应反应"，是个不折不扣的"勤快人"。有勤快的，自然就有懒惰的，空气中有这么一类气体，它们数量稀少，也不爱"交友"，这就是惰性气体。

惰性气体的"懒"可不是说它们不爱洗澡或者不爱整理房间，而是它们拥有一种非常稳定的电子层结构，化学性质极不活泼，很难和其他物质进行化学反应，据此科学家们给它们起了"惰性气体"这个名字。天然存在的惰性气体有六种，分别是氦、氖、氩、氪、氙、氡。

2 He
氦

10 Ne
氖

18 Ar
氩

36 Kr
氪

54 Xe
氙

86 Rn
氡

118 Og
鿫

1962 年，英国化学家巴特利特首次合成了含氙化合物——六氟合铂酸氙，由此人们发现，惰性气体并非完全"懒惰"，因此，惰性气体逐渐被改称为稀有气体了。

常温常压下，惰性气体都是无色无味的单原子气体。

1868 年，天文学家在太阳的光谱中发现了一条特殊的黄色谱线 D3，人们由此发现了氦元素。

随着工业生产和科学技术的发展，稀有气体被广泛地应用在工业、医学、尖端科学技术以及日常生活中，氙气灯就是其中的代表。

仙气飘飘的干冰

二氧化碳

−78.5℃

在舞台演出或者电视节目中，常能看到演员们在"云"中表演，仙气飘飘，非常漂亮。而表演者们能把"云"搬上舞台，都是干冰的功劳。也许你会觉得"干冰"这个名字很奇怪，冰都是水冻结而成的，怎么会干呢？这是因为干冰不是普通的冰块，它是由二氧化碳气体直接制成的。

提起二氧化碳，你一定不陌生，我们每时每刻都在进行呼吸，吸入的是空气，而呼出的气体中含有较多的**二氧化碳**。二氧化碳虽然是气体，但被冷冻加压后就会凝华成冰块一样的白色干冰。而当干冰进入正常温度和气压的环境时，会迅速吸收热量，重新升华为二氧化碳。这个过程会使周围的温度降低，空气中的水蒸气因此遇冷发生液化，就形成我们看到的"云"了。

二氧化碳在 −78.5℃的环境中才能凝华成干冰，因此干冰温度极低，直接用手触碰会被冻伤。

干冰常被用于餐饮行业，既可以用来装饰菜肴，也可以进行食物保鲜。

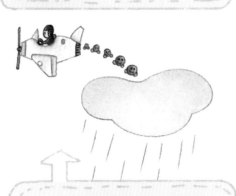

干冰升华时吸收热量，使水蒸气凝结成小水滴，这就是人工降雨的原理。

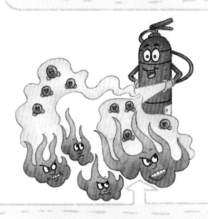

二氧化碳的密度大约是空气的 1.5 倍，干冰灭火器就是利用这个特性，使二氧化碳排开氧气，以此灭火。

火山喷出来的气体

火山喷发是一种壮观的地质现象，地表压力减低导致岩浆等物质在短时间内从地球内部向地表释放。这是地球内部热能在地球表面的一种最强烈的表现，通常伴随着铺天盖地喷射而出的火山灰和滚滚岩浆。而随火山灰和岩浆一道从地下涌出的还有大量气体，这些气体被人们称为火山气体。

火山气体的主要成分是水蒸气和二氧化碳，这二者所占的比重是由火山气体的温度决定的。当火山气体的温度高于当地水的沸点时，水蒸气的含量最多，低于当地水的沸点时则是二氧化碳的含量最多。除了水蒸气和二氧化碳外，火山气体中还含有部分固体矿物的蒸气，最常见的就是硫化氢和二氧化硫，它们会在火山口附近凝结，最终形成硫黄等矿物。

火山诞生于板块运动，当地球板块互相挤压或背离时，岩浆就会冲破地表喷射出来。

活火山

按照火山的活动情况，可以将火山分为死火山、休眠火山和活火山。

休眠火山

死火山

火山气体

岩浆

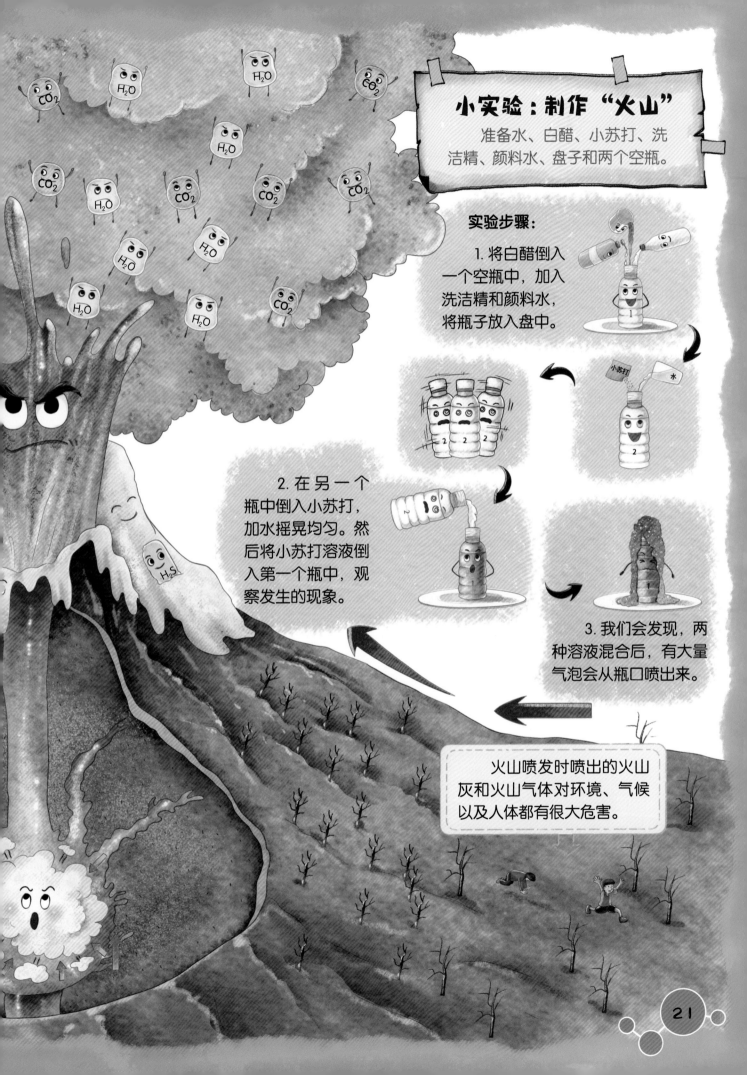

小实验：制作"火山"

准备水、白醋、小苏打、洗洁精、颜料水、盘子和两个空瓶。

实验步骤：

1. 将白醋倒入一个空瓶中，加入洗洁精和颜料水，将瓶子放入盘中。

2. 在另一个瓶中倒入小苏打，加水摇晃均匀。然后将小苏打溶液倒入第一个瓶中，观察发生的现象。

3. 我们会发现，两种溶液混合后，有大量气泡会从瓶口喷出来。

火山喷发时喷出的火山灰和火山气体对环境、气候以及人体都有很大危害。

21

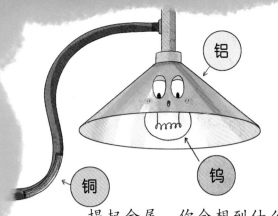

铝

钨

铜

无处不在的金属

提起金属，你会想到什么？其实只要看看身边，就能发现很多金属制造的物品，如炒菜用的锅铲、切菜用的刀具、耕种用的农具、烧水用的茶壶等等。金属能有如此广泛的应用，与它们自身的性质有着密不可分的关系。

金属有很多共性，如有金属光泽，能够导电、导热，有延展性，能够弯曲等。这些性质决定了金属的用途，比如电线就是利用金属的导电性和延展性制成的，而炒锅的出现则有赖于金属的导热性和可弯曲性。当然，除了共性以外，金属也有个性，比如大多数金属都呈现银白色，而铜和金却一个紫红一个金黄；再比如常温下大多数金属都是固体，汞却是以液体的形式存在的……

> 在金属中熔入不同的物质，可以让金属具有不同的特性。纯铁本身比较软，但熔入碳、硅、锰等物质后就能制成硬度很高的生铁；如果熔入铬、镍等物质，则可以制成不易生锈的不锈钢。

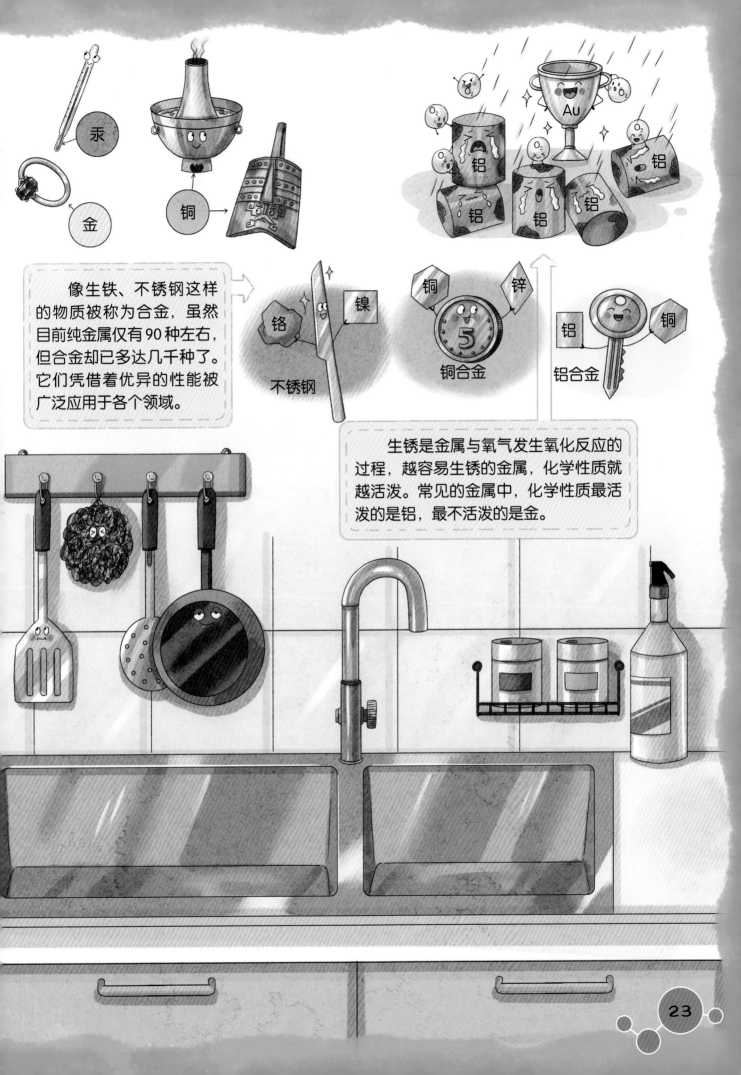

汞

金

铜

Au

铝 铝 铝 铝 铝 铝

像生铁、不锈钢这样的物质被称为合金，虽然目前纯金属仅有90种左右，但合金却已多达几千种了。它们凭借着优异的性能被广泛应用于各个领域。

铬 镍

不锈钢

铜 锌

5

铜合金

铝 铜

铝合金

生锈是金属与氧气发生氧化反应的过程，越容易生锈的金属，化学性质就越活泼。常见的金属中，化学性质最活泼的是铝，最不活泼的是金。

23

去晶体里面看一看

雪花

在日常生活中，**晶体**无处不在，冬日里飘落的雪花是晶体，烹饪时使用的食盐是晶体，璀璨闪耀的钻石也是晶体。可以说，世界上大多数的固体都是晶体。尽管肉眼看起来晶体形态各异，但是如果把它们放在放大镜下，我们就会发现它们都是一个个规则的、对称的多面体。

晶体之所以能呈现出这样规则的形状，是因为它们的原子或分子是按照一定的规律排列的，科学家们把具有这个特征的固体称为晶体。

生活中常见的食盐晶体是透明的立方体，白糖晶体

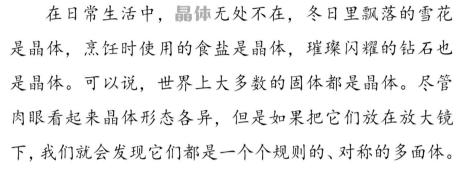

规律排列

盐

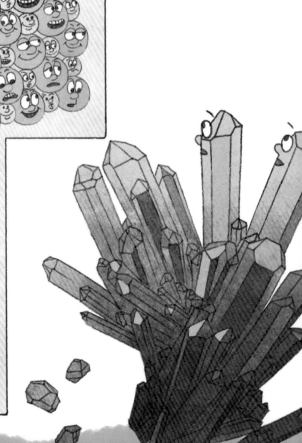

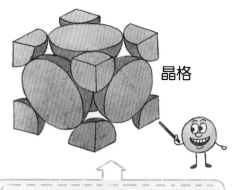

晶格

晶体的内部有一格一格的"小房子"，这就是晶格。

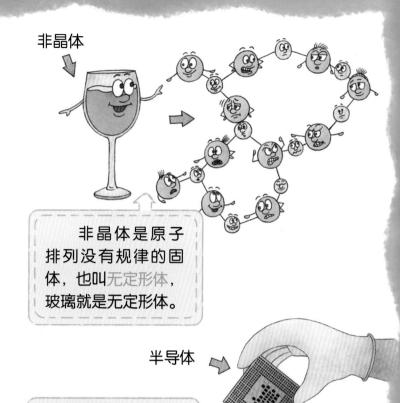

非晶体

非晶体是原子排列没有规律的固体，也叫无定形体，玻璃就是无定形体。

则呈现雪花状。金属的晶体不但形状各异，而且颜色多样，非常漂亮。黄铁矿晶体是黄褐色的正方体，方黄铜矿晶体则像一片古铜色的雪花，铬铅矿晶体是橙红色的长柱体，氯铜矿则有着深绿的颜色。

半导体

晶体用途丰富，在夜视技术、扫描器、半导体等领域都有应用。

小实验：自制白糖晶体

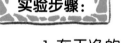

实验步骤：

1. 在干净的玻璃杯中加入部分开水，加入白糖搅拌，直到少量白糖不再溶解为止。

2. 将一根细线的一端浸入白糖溶液中，另一端留在玻璃杯外，用硬纸板盖住玻璃杯。

3. 静置四五天或更长时间后拿掉硬纸板，观察发生了什么现象。

4. 我们会发现，溶液表面、玻璃杯壁和细线上出现了白色的结晶，这些结晶就是白糖晶体。

1.　　　2.　　　3.　　　4.

钻石和铅笔不得不说的关系

如果有人告诉你，亮闪闪的钻石和黑漆漆的铅笔芯是同一种元素组成的，你一定会觉得不可思议吧！但事实的确如此，虽然两者看起来相差甚远，但它们都是由碳元素组成的。也许你会问，为什么组成它们的元素相同，却有这么大的差别呢？这是因为它们的原子排列方式不同，性质自然就产生了差异。

钻石的原料叫作金刚石，它可是自然界中最坚硬的天然物质。因此，人们常常用它来切割其他比较坚硬的东西。

金刚石

0.7mm
HB

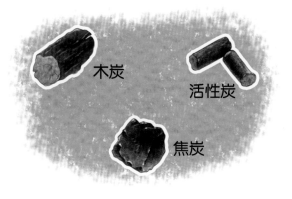

木炭

活性炭

焦炭

除了金刚石和石墨外，生活中常见的由碳元素组成的物质还有木炭、焦炭、活性炭和炭黑等，它们的结构都与石墨类似。

玻璃刀刀片

比如我们生活中常见的玻璃刀的刀片，就是由金刚石制成的。与坚硬的金刚石相比，铅笔芯的原料石墨就柔软多了。但它的用途却并不单一，除了铅笔芯外，制作墨汁、油墨，包括人造钻石也都少不了它。

石墨有耐高温的特性，冶金行业常用它制成的坩埚冶炼金属。

在我们的生活中，如果锁不容易打开，常将少量铅笔芯研磨成粉末倒入锁眼中，锁就变得容易打开了。这就是利用了石墨的润滑性。

石墨坩埚

油墨

石墨

核电站的本质是"烧开水"

如果说是哪种发明推动了近代工业的进步，那瓦特改良的蒸汽机一定功不可没，它利用水蒸气推动汽轮机运转，以此带动机械运作。从那时起，"烧开水"突然变成了生产活动中最重要的事情。后来，电能被发现了，发电机和电动机随之问世，而带动发电机发电的重任自然就落到了蒸汽机的头上。随着科技的进步，发电方式越来越多，时至今日，核电站成了未来发电站的一个方向，不过核电站的发电方式却与蒸汽机有异曲同工之妙。

核电站的本质也是"烧开水"，只不过使用的燃料不是传统的煤炭，而是原子核内部蕴藏的能量。原子核在进行裂变和聚变反应时会产生大量的热能，这些热能足以将水烧至沸腾，在蒸汽发生器内产生蒸汽，蒸汽推动汽轮机带动发电机旋转，这样就产生了电。目前核电站主要使用**铀**和**钚**这两种元素作为核燃料，但由于它们是有放射性的重金属，会对人体产生危害，所以核电站需要有严密的控制设施和防护装置。

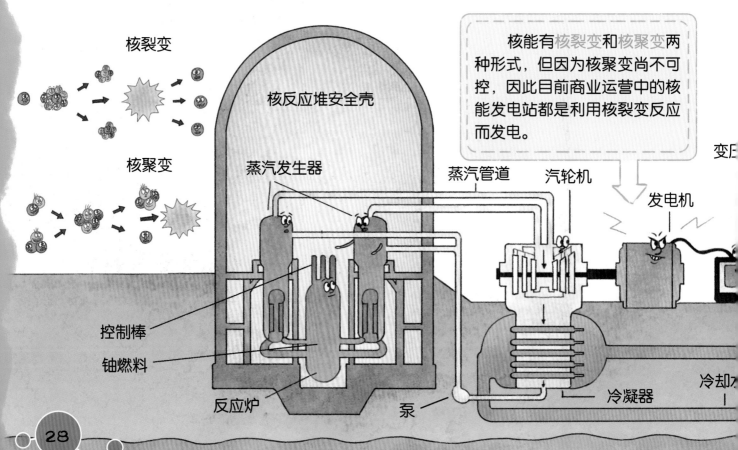

核能有核裂变和核聚变两种形式，但因为核聚变尚不可控，因此目前商业运营中的核能发电站都是利用核裂变反应而发电。

核裂变

核聚变

核反应堆安全壳

蒸汽发生器

蒸汽管道

汽轮机

变压

发电机

控制棒

铀燃料

反应炉

泵

冷凝器

冷却水

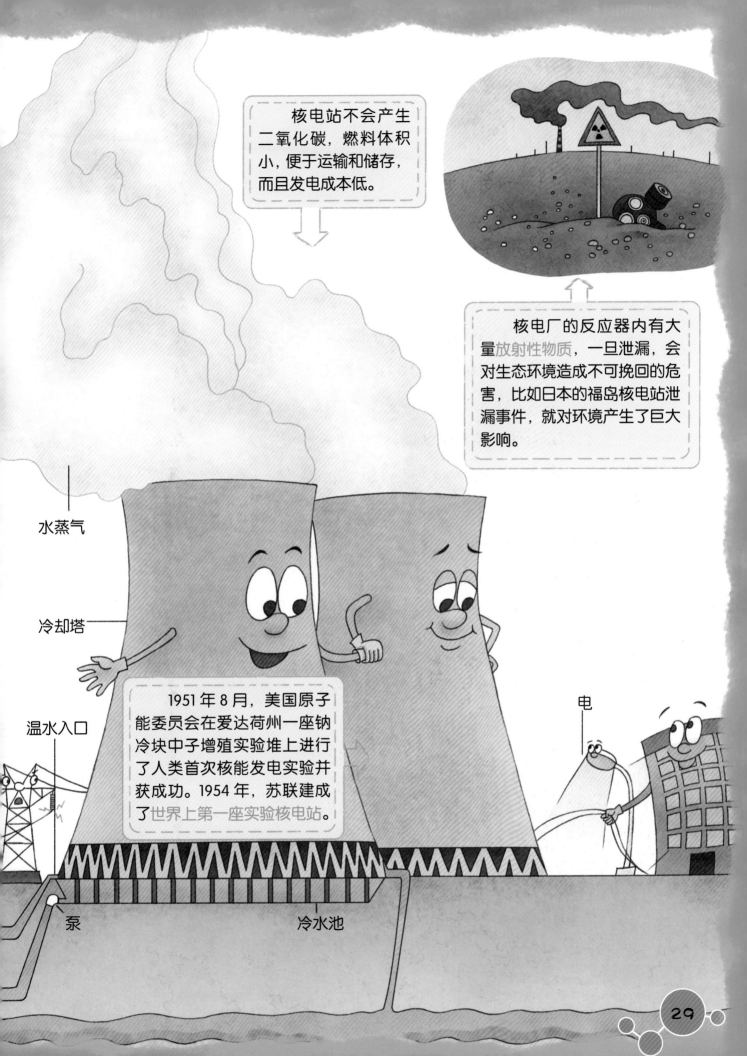

太阳最终会变成一颗大钻石

作为太阳系最重要的角色，太阳是一颗**恒星**，自太阳诞生之初到现在的50亿年内，它就像一个巨大的核电站，每天不停地进行着核聚变。那么，当太阳的能量耗尽时，会发生什么情况呢？

太阳目前进行聚变的燃料是氢，当燃料氢耗尽时，太阳会变成一颗红巨星，继续进行更高一级的氦聚变。而当氦聚变完成后，太阳会因为质量不足而无法进行后续更重元素的聚变，并由此熄灭，留下大量的碳元素和氧元素，逐渐冷却后，变为白矮星。而那些从高温高压环境中冷却下来的碳元素将逐渐变为最致密的晶体结构，这正是金刚石的微观结构。所以，太阳在完成氦聚变之后就会变成一颗巨大的钻石了。

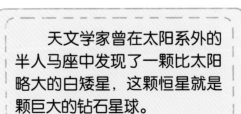

天文学家曾在太阳系外的半人马座中发现了一颗比太阳略大的白矮星，这颗恒星就是颗巨大的钻石星球。

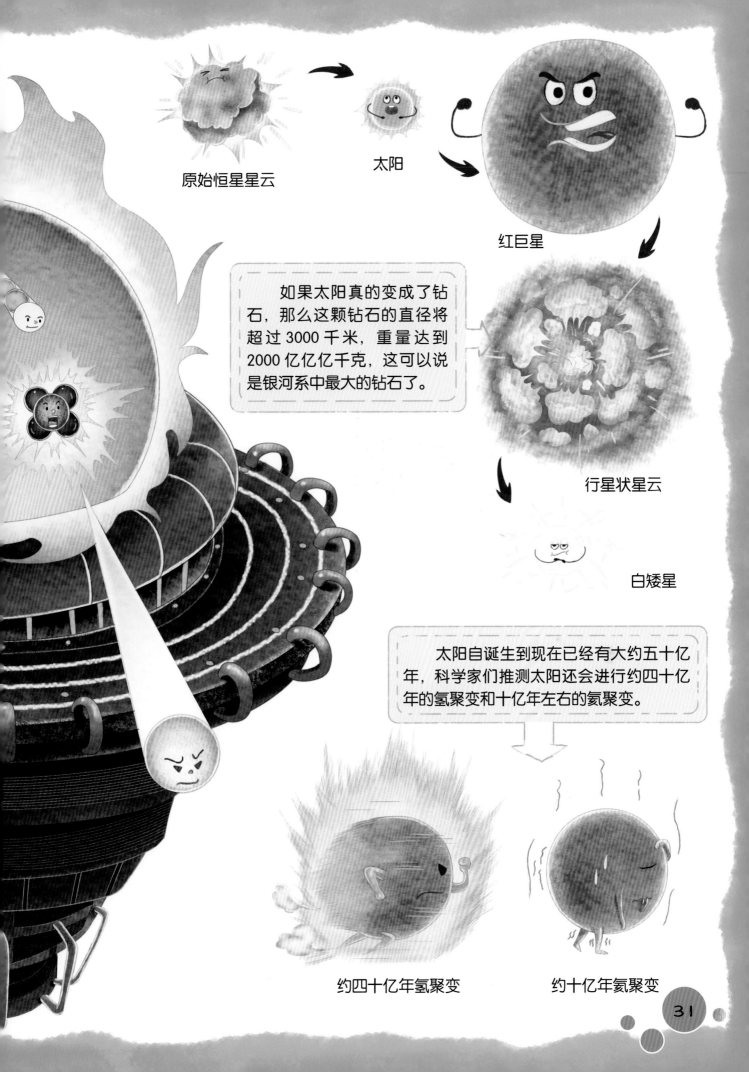

原始恒星星云

太阳

红巨星

如果太阳真的变成了钻石，那么这颗钻石的直径将超过 3000 千米，重量达到 2000 亿亿亿千克，这可以说是银河系中最大的钻石了。

行星状星云

白矮星

太阳自诞生到现在已经有大约五十亿年，科学家们推测太阳还会进行约四十亿年的氢聚变和十亿年左右的氦聚变。

约四十亿年氢聚变

约十亿年氦聚变

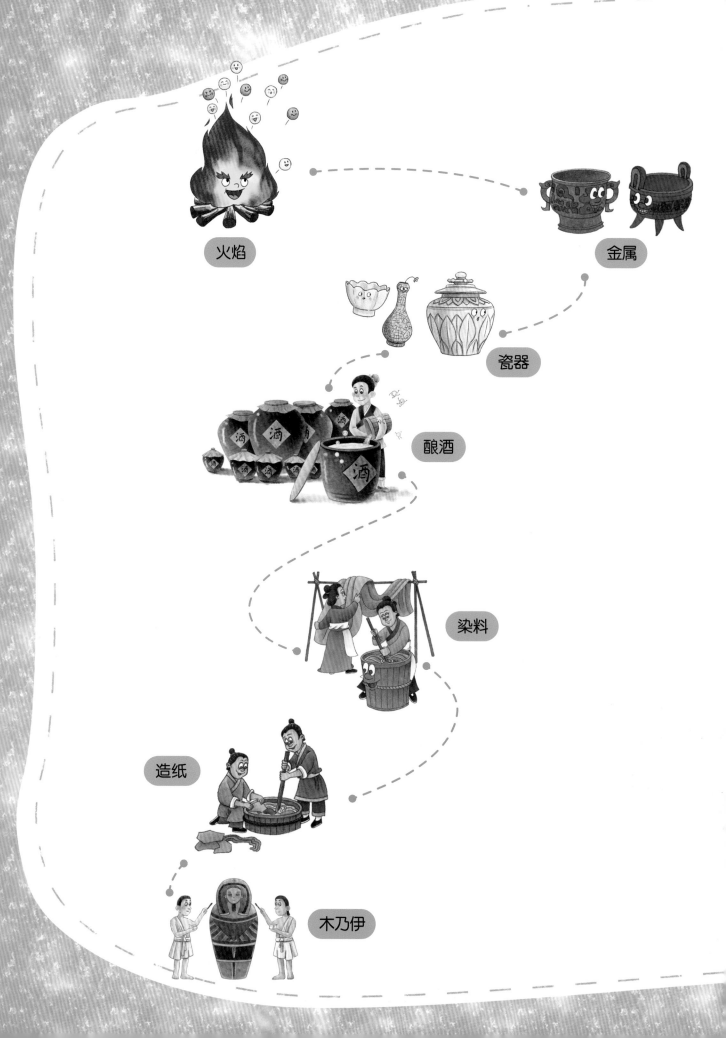

火焰

金属

瓷器

酿酒

染料

造纸

木乃伊

烧玻璃

燃烧与火焰

　　作为人类最早掌握的化学反应之一，"燃烧"几乎伴随了整个人类历史。原始社会，人们用火照明取暖、炙烤食物、驱赶野兽；到了现代，切割焊接、冶炼钢铁也都少不了它的身影。可以说，火促进了人类的发展，将人类从野蛮带向了开化。

　　与火相关的最基本的化学反应就是"燃烧"，"燃烧"的本质是可燃物与氧气发生的一种发光、放热的剧烈的氧化反应。所以，"燃烧"有三个必要条件——**可燃物、氧气、着火点**，缺少其中任何一个，都不能实现。火焰总是与"燃烧"现象相伴而生，它是一种高温的**气态**或**等离子态**的物质，通常分为外焰、内焰和焰芯三层，外焰与氧气接触最充分，温度也最高。而且，火焰的颜色也会因为可燃物和燃烧温度的不同而不同。

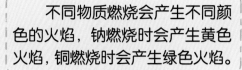

不同物质燃烧会产生不同颜色的火焰，钠燃烧时会产生黄色火焰，铜燃烧时会产生绿色火焰。

温度越高，火焰的颜色就越偏紫，而当温度高到一定程度时会变得无色。

3000 ℃   4000 ℃   5000~6000 ℃   7000 ℃

小实验

点燃一根蜡烛，仔细观察火焰的颜色。

我们可以看到，蜡烛的火焰分为三层，外焰呈现亮黄色，内焰呈现红色，焰芯则呈现淡蓝色。

燃烧需要三个条件，因此灭火也要从这三个方面下手，即清除可燃物、隔绝氧气、使温度降到着火点以下。

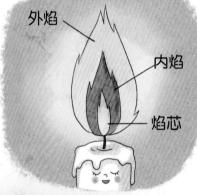

外焰
内焰
焰芯

热能

光子

炼丹中的化学

　　蒸腾飞升的烟雾、精致厚重的丹炉、仙风道骨的方士，提起这些，你会想到什么？大概很多人都会想到古代的炼丹家们。他们希望通过炼丹烧制出长生不老的丹药，帮助自己得道成仙。

　　炼丹家们常用各类矿物质作为炼丹的原料，因此制取了诸多化合物。又因为水银在方士眼中具有很高的地位，所以这些化合物中种类最丰富的就是汞化物了，**氧化汞**、**氯化汞**均在其列，且通过水银和硫黄炼成的红色硫化汞在化学史上具有重大意义。除了汞化物外，铅制剂和砷制剂也是丹药的主要成分。这些丹药不仅没能帮助方士们成仙，反而因其中含大量的有害物质使服用者早早丧命，不过炼丹活动却也在无意中促进了化学的发展。

氧化汞
HgO

水银
Hg

氯化汞
HgCl$_2$

砷 As

铅 Pb

中国的炼丹家们炼制丹药时使用的釜、鼎等工具非常精巧，很接近现代化学实验的仪器。

釜　　鼎

欧洲文艺复兴时期盛行炼金术，与炼丹大同小异，炼金术士们试图从水银、硝石、硫黄中提炼出黄金。著名物理学家牛顿也曾是一名炼金术士。

硫化汞

炼丹成功了！

我国古代四大发明之一的火药就是在炼丹家们一次次的炼丹中诞生的。

金属的冶炼

从青铜器时代到铁器时代，再到铝的广泛使用，金属在生活中的重要地位不言而喻。然而，大多数的金属都是以化合物的形式存在于矿石中的，所以要想使用金属，就要先把金属元素从矿物中提炼出来，这个提炼的过程就叫作**金属的冶炼**。又因为不同金属的活动性不同，所以需要采用不同的冶炼方法。

铁矿石

石灰石

焦炭

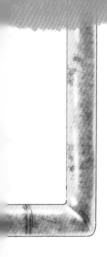

铜是人类最早提炼并使用的金属之一，这是因为铜的化学性质不活泼，比较容易提炼。商周时期是我国青铜文化的鼎盛时期。

铁是目前世界上产量与使用量最多的金属，而在古代，铁的冶炼难度很大，因此主要运用在军事方面。

铝的化学性质活泼，很难提炼。在19世纪时，铝甚至比黄金还要珍贵，法国皇帝拿破仑三世的皇冠就是用铝制成的。

常见的金属冶炼方法有**热分解法、热还原法、电解法和物理提取法**。热分解法适用于金属性较弱的金属，比如汞和银。热还原法是在高温条件下利用还原剂制取金属的方法，铁和铜就是这样冶炼的。电解法的能耗很大，成本较高，常被用于冶炼钠、铝等非常活泼的金属。物理提取法则是提炼那些金属性质不活泼、常以游离态存在的金属，铂、金等就是利用这种方法提取出来的。

陶与瓷的区别

陶瓷是社会生活中常用的器皿，陶瓷的使用由古到今历经千年。虽然陶和瓷常被联系在一起，但实际上却是两种区别很大的物质。那么它们究竟有什么区别呢？让我们一起看一看。

首先，陶和瓷的烧制温度不同，烧制陶器只需要 $800 \sim 900\,°C$，最高不会超过 $1100\,°C$。而烧制瓷器却需要 $1200\,°C$ 及以上的高温，也正是因为温度的要求，瓷器才比陶器诞生得更晚。其次，烧制陶与瓷的原料有所区别，几乎所有天然黏土都可以被烧成陶器，而瓷器却只能用瓷土，即高岭土烧制。高岭土的主要成分是硅酸盐矿物，其中含有丰富的氧化铝和氧化硅。用它烧制出的瓷器中二氧化硅含量都在 75% 左右，氧化铝含量约为 15%，而陶器中的二氧化硅和氧化铝含量加起来只有 80% 左右。因此，瓷器的结构更致密，防水性也更好。

新石器时代的陶器种类繁多，灰陶、红陶、彩陶、黑陶等异彩纷呈。

黏土

陶器的历史可以追溯到大约一万年前的新石器时代，而原始瓷器直到商朝才开始出现。

瓷器诞生至今，出现了汝窑、哥窑、钧窑、定窑等多种风格，它们各具特色。

氧化铝 15%

二氧化硅 75%

高岭土

从谷物到美酒

酒在我国有着十分悠久的历史，很早以前，先人们就已经掌握了酿酒的技术，而饮酒的习惯也随着酒的产生一直延续到现在。那么，流传千年的白酒究竟是怎样酿制成的？让我们从化学的角度看一看。

我国的古人在酿酒时采用的是独特的制曲酿酒技术，因此，想要酿制美酒，第一步

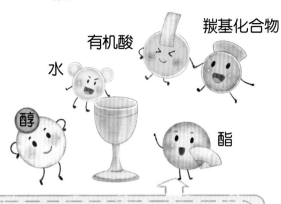

有机酸

羰基化合物

水

醇

酯

白酒的主要成分是水、醇类、有机酸类、酯类和羰（tāng）基化合物。

高粱、大米、小麦等谷物以及各种薯类、糖质均可作为酿酒的原料。

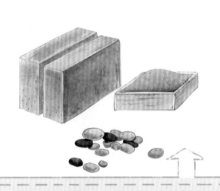

酒曲有白色、黑色、黄褐色等多种颜色，还有饼曲、散曲等不同形状。

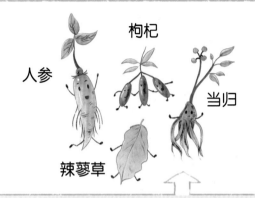

枸杞

人参

当归

辣蓼草

中草药被广泛应用于酒曲的制作当中，不但可以促进酒曲中有益微生物的生长，而且对杂菌具有抑制作用。

就是制作酒曲。将炒熟或蒸熟的谷物放置一段时间后，它们的表面会长出一层微生物，这些微生物就是酒曲。酒曲是酿酒过程中必不可少的发酵剂。酒曲有糖化发酵功能，原料在酒曲的作用下，经过一系列复杂的生物化学反应，其中的淀粉转化成麦芽糖或葡萄糖，进而再分解为酒精及芳香物质，最终就会酿成馥郁醇香的白酒了。

染出美丽的颜色

衣服的颜色多种多样，而这全都要归功于染料。染料的历史非常悠久，早在春秋时期，我国的古人们便懂得使用植物提取染料为衣服染色；而在欧洲，人们从海螺中提取出了紫色颜料；美洲人则用胭脂虫制成了胭脂红染料。到了现代，合成染料成为染料中的主要角色。

世界上第一种合成染料诞生于1856年，由年轻的英国化学家帕金从煤焦油中制得，叫作**苯胺紫**。在此之后，人们又发明了多种合成染料，其中最多的便是**偶氮染料**。

中国古代植物染料

紫色在古代是尊贵的颜色，帝王将相们常穿紫色绸缎的衣服来显示地位。

海螺

维多利亚女王喜欢苯胺紫染成的衣服，因此紫色也成了当时的流行色。

硫化染料是除偶氮染料外另一种使用比较广泛的染料，大部分黑布都是由硫化染料染成的。

偶氮染料的分子中含有两个以上以双键相连的氮原子，因此得名，这种染料颜色丰富，红、橙、黄、绿、青、蓝、紫应有尽有。

胭脂虫

造纸的工艺

纸是生活中必不可少的物品，写字画画都离不开它。其实，在纸诞生之前，龟甲、兽骨、竹简、丝帛等都曾作为书写工具存在过，但是它们因为都存在缺陷，所以逐步被纸取代了。根据考古发现，我国早在西汉时期就已经发明了纸，但是并不十分适合书写。东汉时，蔡伦对造纸术进行改造，成功制造出了成本低廉又适合书写的纸，人们把这种纸称为**蔡侯纸**。

蔡侯纸采用麻头和破布为原料，将原料浸泡捣碎后，在石灰或草木灰的碱性水溶液中浸沤，上火蒸煮。原料煮烂以后再倒进缸里，彻底捣烂成泥，加水调成纸浆。然后，把纸浆倒入抄纸槽中，用竹帘过滤，取得纸膜，把纸膜晒干或者晾干，纸就造好了。

① 浸泡捣碎
② 浸灰水
③ 蒸煮
⑤ 打浆
⑥ 抄造

造纸术是中国古代四大发明之一，随丝绸之路和战争逐渐传入朝鲜、日本、阿拉伯国家和欧洲大陆，对文化传播和人类发展有重大影响。

现代制作纸浆和漂白纸张采用化学试剂，纸张的质地更好，颜色更白。

我比你白。

我们老了。

龟甲　兽骨　竹简　丝帛

古人会洗去废纸上的墨水和污渍，浸烂后放入抄纸槽再造，这种纸叫作"还魂纸"，也就是再生纸。

造纸的原料很丰富，麻、树皮、竹、高粱秆、龙须草等都曾被用于造纸。

④捣碎

再生纸

⑦揭纸

树皮　竹

麻　高粱秆

龙须草

47

砒霜：古代的流行毒药

砒霜是一种尽人皆知的毒药，不论电视剧还是小说，都对它有很多描述，那么砒霜究竟是什么物质，它真的和文艺作品中描述的一样吗？银针试毒又是否真的能检测出砒霜呢？

砒霜的主要成分是三氧化二砷，因为它由砒石提炼而成，又为白色的霜状粉末，所以才被称为砒霜。砒霜能溶解于水、酒等多种液体，而且无臭无味，很难被检测出来，因此在古代常被用作杀人工具。砒霜毒性很强，属于高毒类物质，可引起人的心肌、肝脏、肾脏损伤，导致肺癌、皮肤癌等。

银针试毒是古代常用的检测砒霜的办法，但三氧化二砷本身不与银反应。银针之所以变黑，是因为古代提纯技术不发达，砒霜中除三氧化二砷外还有大量残留的硫化物。硫化物与银反应，产生黑色的硫化银，这才是银针变黑的真正原因。

砒霜中毒的前提是砒霜的摄入量超过人体的耐受量，实际上有很多长期摄入微量砒霜但并未发生中毒现象的事件发生。

砒霜除了是毒药外，还可用于治病，中医常用它治疗恶疮、窦道和慢性骨髓炎。近年来，利用砒霜治疗白血病也起到了令人满意的疗效。

三氧化二砷
As_2O_3

硫化物

银

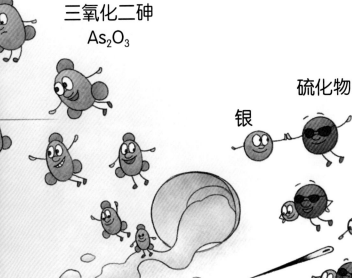

火药砰的一声出现了

火药是我国古代的四大发明之一，战争中使用的枪炮、生活里观赏的烟花，都源自火药的出现。火药的主要成分是**硫黄、硝石**和**木炭**，硝石受热会释放氧气，硫黄和木炭则极易被氧化。如果将它们一起加热，就会发生剧烈的氧化还原反应，释放出极高的热量，并产生大量的一氧化碳、二氧化碳和氮气等气体。想象一下，如果把这三种物质装在一个狭小的空间里，一旦引燃，它们会立刻膨胀上千倍，自然就能引发爆炸了。

虽然火药威力巨大，但人们最初研制它却是为了吃的。火药的诞生源于古代炼丹术，当时，方士们常将不同的物质投入丹炉中烧炼，他们选取物质时讲究阴阳配伍。在他们眼中，硫黄遇火即燃属于阳，硝石近水而生属于阴，当他们把这两样物质及木炭混合起来烧炼时，稍有疏忽便会引发爆炸，但也就是在一次次的爆炸中，人们不断认识和总结，并最终发明了火药。

硝石是一种矿物质，天然硝石多存在于含钾、钠、钙、镁的土壤中。

硝石

硫黄

木炭

火箭

火蒺藜

硫黄属于固态非金属，自然界中的天然硫黄多产于火山及温泉地区。

五代到北宋初年，军事上已经开始使用火药，如火箭、火球、火蒺藜等。

木炭是木材经过不完全燃烧或隔氧热解后残留的深褐色或黑色固体物质。

①

②

抑制细菌生长

木乃伊：千年不朽

古埃及流传着这样一个传说：地神塞布有两个儿子，哥哥奥西里斯善良能干，深受人们尊敬，而弟弟塞特狡诈狠毒，阴谋杀害了哥哥，并将他的尸体剖成十四块，扔在了不同的地方。奥西里斯有一个遗腹子荷拉斯，他长大后打败了塞特，并找回父亲的尸体，拼凑在一起，制成了干尸"木乃伊"。

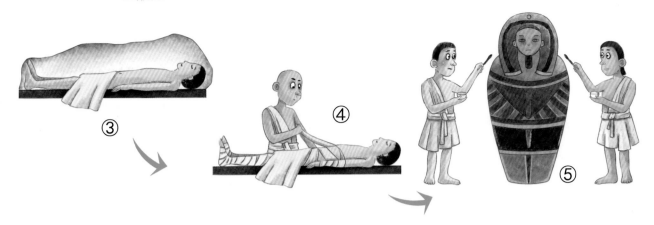

③

④

⑤

在真实的历史中，木乃伊是由专职人员负责制作的。他们会先去除尸体内容易腐坏的器官，填入**沥青、松香**等物质，然后用**泡碱**覆盖尸体，等尸体完全干燥后洗去泡碱，并为尸体涂满树脂，用亚麻布包裹整个尸体，再经过一系列装饰后，木乃伊便制成了。因为沥青、松香以及树脂都是天然的防腐剂，泡碱又起到干燥的作用，可以抑制细菌生长，所以木乃伊才能历经千年而不腐。

泡碱的主要成分是碳酸钠，虽然被称为碱，但实际是一种具有极强吸水性的盐。

将盐沼中生长的植物烧成灰，再混合碱石灰就可以制得泡碱。

泡碱是古埃及制造陶瓷和油漆的重要成分，也被用于制造玻璃和金属。

除了人以外，狒狒、猫、鸟、鳄鱼等具有重要宗教意义的动物也会被制成木乃伊。

用沙子造玻璃

　　沙子和玻璃我们都不陌生，但如果有人告诉你，它们其实是同一种物质，你肯定会大吃一惊吧。但事实确实如此，看起来毫不相干的沙子和玻璃的确有着相同的化学成分——**二氧化硅**。

　　二氧化硅是地球上最常见的矿物质之一，它主要存在于石英岩中，常见的沙子其实就是石英岩被剥蚀后留下的最细小的颗粒。如果向石英中加入**石灰石**和**碳酸钠**，并加热到大约1400 ℃，就会出现一种黏稠、透明、形状可塑的液态物质，这就是玻璃液。只要将玻璃液倒入模具中凝固，就可以得到一块玻璃了。

玻璃虽然具有质地坚硬的固体性质，但内部的分子结构却像液体一样松散，这就是玻璃易碎的原因。

SiO₂

Na₂CO₃

CaCO₃

沙子

早在人类诞生之前，玻璃就已经存在了。火山喷发后的熔岩将沙子熔化，就形成了天然的玻璃——黑曜（yào）石。

黑曜石

虽然玻璃有固体的外观，但内部结构却和液体类似，因此有科学家认为玻璃既不是固态，也不是液态，只能叫作玻璃态。

玻璃的分子结构使得它可以让所有光线任意穿过，这就是玻璃看起来透明的原因。

1400 ℃

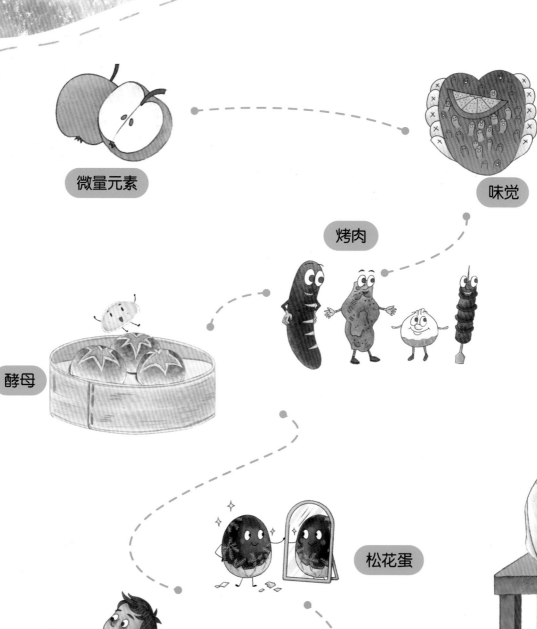

微量元素

味觉

烤肉

酵母

松花蛋

塑料

石油

包装袋中的气体

虽然很多元素是人体必需的，但也要注意摄入量，过量或不足对身体都没有益处。

人体里的元素

许多小朋友都需要"补铁""补锌""补钙"，这里所说的铁、锌、钙就是指人体元素。由此可见，我们的身体一定和化学元素有着密切的关系。

实际上，人体和世界上的其他各种物质一样，都是由元素组成的，人体中的 60 多种元素都可以在自然界中找到。因为每种元素在人体中的含量不同，所以科学家们依照含量的不同，将人体中的元素分为了两大类。一类是含量超过人体总重量万分之一的常量元素，有 11 种，约占人体重量的 99.95%；另一类是含量不足人体总重量万分之一的微量元素，虽然微量元素在人体中的含量很少，但却是生命活动所必需的。

骨骼
牙齿
镁
碳
钙
氢
氧
氯
钠
氮
硫
钾
磷
钙

钙是人体内含量最高的金属元素，是构成人体的重要组成部分。成人体内的含钙量约为 1.2 千克，主要存在于骨骼和牙齿中。

人体中的 11 种常量元素分别是：碳、氢、氧、氮、磷、硫、氯、钠、镁、钾、钙。

食物是如何被消化的？

　　食物能为我们提供营养，而我们能在吃掉食物后将它转化成营养物质吸收，全都要靠我们身体中的消化系统，食物在消化道内分解成可以被细胞吸收的物质的过程就叫作消化。在这个过程中，胃起到了非常关键的作用。

　　食物在进入口腔后，首先会被牙齿切断磨碎，经过舌头的搅拌与唾液充分混合后被初步分解，然后通过食道进入胃中。胃里有胃腺分泌出的大量胃液，里面含有腐蚀性很强的盐酸和能将食物分解成小分子的**蛋白酶**，加上胃不停地收缩和蠕动，最终把食物变成糨糊一样的食糜并送入小肠。小肠中有胰腺和肠腺分泌的消化液，里面含有的**消化酶**最终把食物分解为小分子有机物并被人体吸收，而剩下不能吸收的部分，就通过大肠排出体外了。

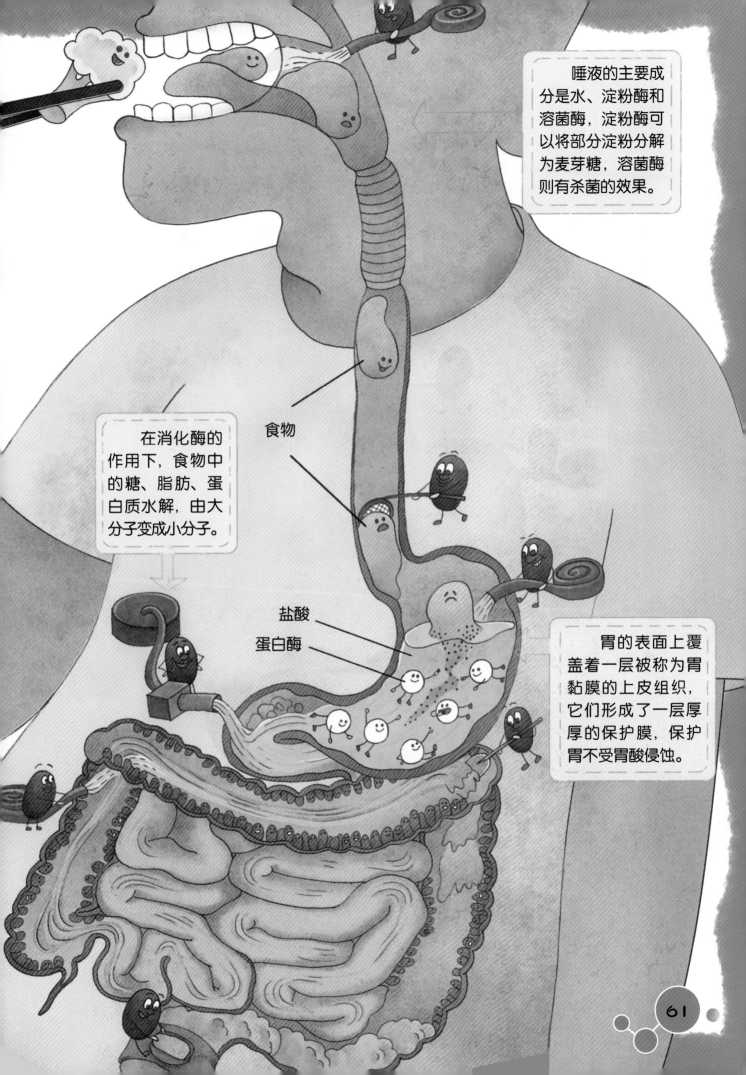

唾液的主要成分是水、淀粉酶和溶菌酶，淀粉酶可以将部分淀粉分解为麦芽糖，溶菌酶则有杀菌的效果。

食物

在消化酶的作用下，食物中的糖、脂肪、蛋白质水解，由大分子变成小分子。

盐酸

蛋白酶

胃的表面上覆盖着一层被称为胃黏膜的上皮组织，它们形成了一层厚厚的保护膜，保护胃不受胃酸侵蚀。

屁里有什么？

我们在吃饭、喝水以及讲话时，会将空气吞入体内，这些空气和肠内分解食物产生的气体混合在一起，使肠内的气压逐渐增大。当气压大到括约肌支撑不住时，这些气体就会被排出体外，一个屁就这样诞生了。

屁的成分非常复杂，里面含有 400 多种气体，但其中 99% 是**氮气、氢气、二氧化碳、甲烷、氧气**等无味气体，剩下的 1% 是**氨气、硫化氢**等难闻的气体。如果我们吃的食物中淀粉含量比较高，那么屁中二氧化碳的含量就会上升，这种情况下虽然屁量增多了，但是因为二氧化碳没有气味，所以屁也不会有明显的臭味。而当食物中的蛋白质含量偏高时，氨气、硫化氢以及**粪臭素**的含量会上升，屁就变得比较难闻了。

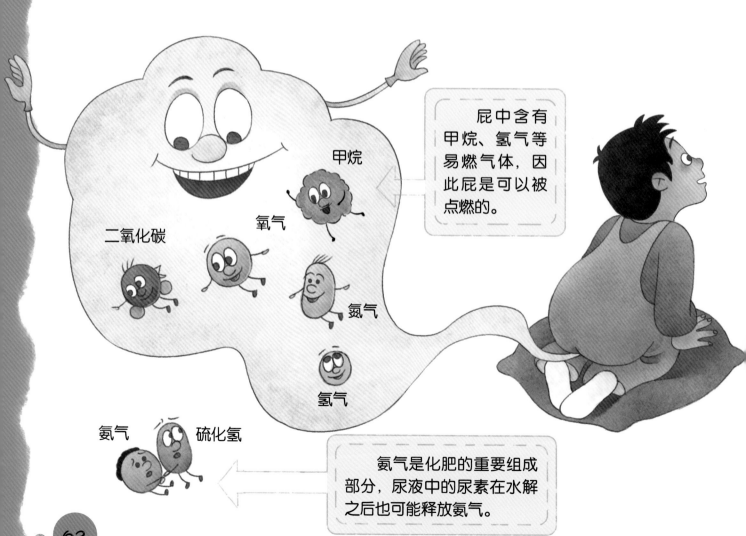

甲烷

氧气

二氧化碳

氮气

氢气

氨气　硫化氢

屁中含有甲烷、氢气等易燃气体，因此屁是可以被点燃的。

氨气是化肥的重要组成部分，尿液中的尿素在水解之后也可能释放氨气。

憋回去的屁会被肠壁吸收进入血液，然后跟随血液进行循环，并在被肝脏过滤后进入肺部，最后伴随呼吸排出体外。

空气

分解

食物气体

正常情况下，成年人每天的排屁量为400~1500毫升，可以装满1~3个矿泉水瓶。

好臭！！

让人快乐的多巴胺

生活中有很多让我们感到快乐的事情：品尝美食，观看表演，或者和朋友一起玩耍。那么，快乐这种情感是怎样产生，又是怎样让我们感受到的呢？这都与我们大脑中的一种化学物质——**多巴胺**有关。

人之所以拥有感情，是因为大脑中存在着数千亿个神经细胞，脑部信息在它们之间传递，就形成了人的感情。脑部信息通过神经递质传递，多巴胺就是其中一种，它的作用正是传递开心愉快的信息。多巴胺大量分泌，就会使人感到亢奋，激发美好的情感。而如果人缺少多巴胺，便会抑制兴奋，失去兴趣。

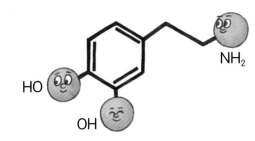

神经细胞上有一种突起，被称为突触，神经递质就是由突触释放的。

大脑的多巴胺源叫作腹侧被盖区，多巴胺正是从这个区域被释放到大部分皮质区域。

额叶皮质

多巴胺

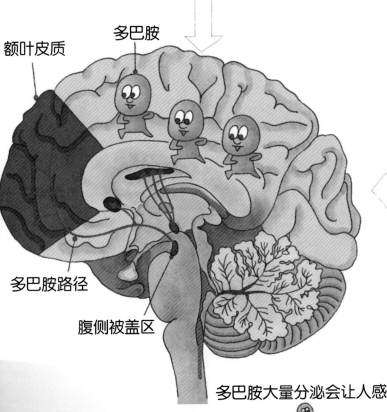

多巴胺路径

腹侧被盖区

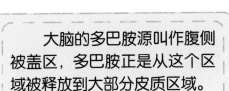

多巴胺的强烈分泌会使大脑产生疲倦感，所以大脑会让它自然代谢，这个过程可能很快，但也可能持续三四年时间。

人会对某种物质上瘾，正是因为这种物质刺激了多巴胺的分泌。

多巴胺大量分泌会让人感到亢奋

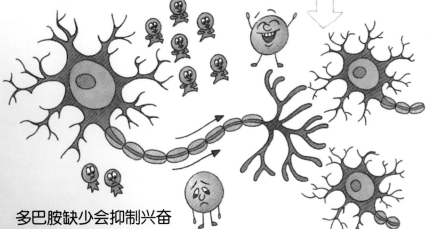

多巴胺缺少会抑制兴奋

酸和碱

酸和碱是两类不同的物质，提起酸，你一定不陌生，调味用的食用醋有酸味，这就是**醋酸**；一些水果有酸味，这就是**果酸**。再说说碱，虽然听起来很陌生，但你一定见过含碱的东西，洗衣粉中就含有碱，还有石灰水中的**氢氧化钙**、清洁剂中的**氢氧化钠**都属于碱。

并非有酸味的就是酸，那么应该怎样区分酸和碱呢？这就需要使用酸碱指示剂了。酸碱指示剂在遇到酸和碱时会显示不同的颜色，因此我们可以根据颜色的不同来判断酸碱性。石蕊溶液是最常见的酸碱指示剂之一，它通常呈现紫色，但是在遇到酸后会变成红色，而遇到碱则会变成蓝色。除了石蕊溶液外，常见的酸碱指示剂还有酚酞、甲基红等。

$C_6H_8O_7$

名称：柠檬酸

石蕊溶液　酚酞　甲基红

果酸检验处

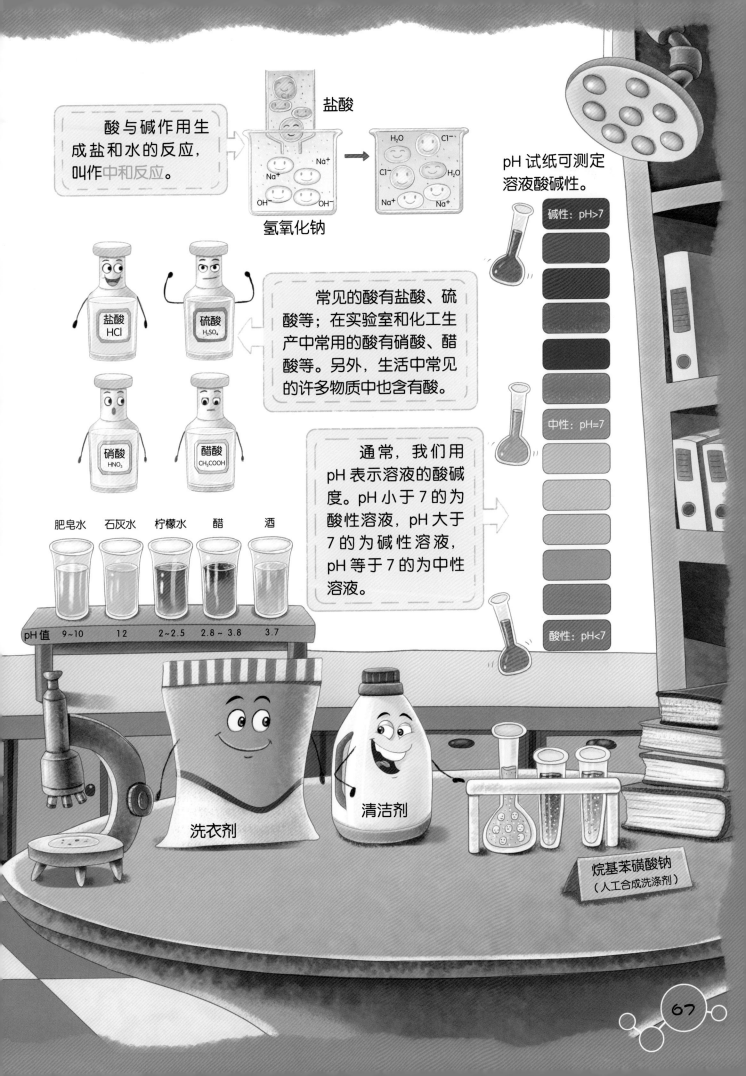

酸与碱作用生成盐和水的反应，叫作中和反应。

盐酸

H_2O　Cl^-
Cl^-　H_2O
Na^+　Na^+
Na^+
OH^-　OH^-

氢氧化钠

pH 试纸可测定溶液酸碱性。

碱性：pH>7

中性：pH=7

酸性：pH<7

常见的酸有盐酸、硫酸等；在实验室和化工生产中常用的酸有硝酸、醋酸等。另外，生活中常见的许多物质中也含有酸。

盐酸
HCl

硫酸
H_2SO_4

硝酸
HNO_3

醋酸
CH_3COOH

通常，我们用 pH 表示溶液的酸碱度。pH 小于 7 的为酸性溶液，pH 大于 7 的为碱性溶液，pH 等于 7 的为中性溶液。

	肥皂水	石灰水	柠檬水	醋	酒
pH 值	9~10	12	2~2.5	2.8~3.8	3.7

洗衣剂

清洁剂

烷基苯磺酸钠
（人工合成洗涤剂）

辣的学问

　　味觉，其实是检测食品化学成分的感觉，可以告诉我们哪些食物有营养，哪些食物有危害。按照所代表的化学刺激不同，味道可以分为最基本的五种：酸、甜、苦、咸、鲜。为什么其中没有辣呢？因为辣其实是一种轻微的痛。

　　辣的化学元素，比如**辣椒素**，刺激到了舌头上的**痛觉神经**，神经将信号传给大脑，得到了一种灼痛的感觉。它不像其他五种基本味道一样通过味觉途径传递，而是更依赖伤害性感觉的传递通路，比如在伤口处撒上辣椒末，也能感受到类似辣味的灼烧甚至疼痛感。所以说，辣不是一种味道，但适量的辣能让食物更加美味也是不争的事实。

这个好酸。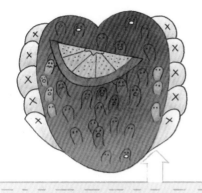

这是甜的。

酸

鲜

舌头的各个部位有着不同的分工，舌尖主要感受甜、辣和咸，舌缘感受酸，舌根感受苦。

这个好苦啊！

甜

我们的味觉系统对代表营养的甜和鲜的检测比较迟钝，而对代表危险的苦则非常敏感。

苦

感受味觉的最基本的功能单位是味蕾，它分布在舌头的表面等处。

咸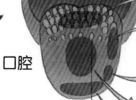

食盐

苦味

酸味

口腔

咸味

鲜味

甜味

味孔　味蕾

味觉神经

"软"的水和"硬"的水

如果有人告诉你，水可以被分为软水和硬水，你一定感觉很惊讶吧，水明明是液体，怎么会有软硬之分呢？其实这里所说的软硬并不是触感，而是指水中**可溶性钙、镁化合物**的多少。

一般来说，可溶性钙、镁化合物含量少或没有的水是软水，自然界中的雨水、雪水都属于软水。而硬水就是指可溶性钙、镁化合物含量多的水，常见的山泉水、江河水以及部分地下水都属于硬水。对于饮用水而言，水的软硬程度会影响水的口感，软水喝起来更加柔和，硬水则比较清冽厚重。饮用硬水可以帮助人体补充**钙、镁、氟**等元素，但也可能引发腹胀、腹泻等症状。因此，将硬水煮沸软化后再饮用是减轻肠胃负担的有效办法。

水壶用久了内壁会产生水垢，这些水垢是水中溶解的碳酸氢钙和碳酸氢镁在煮沸的过程中变成的碳酸钙和氢氧化镁等物质，因此越硬的水越容易产生水垢。

最常见的硬水软化方法是煮沸法，除此之外还有电磁法、离子交换法、石灰法等等。

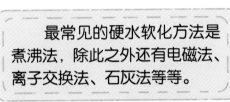

软水

硬水

肥皂水可以区别软水和硬水。加入肥皂水搅拌后泡沫多、浮渣少的是软水，泡沫少、浮渣多的是硬水。

水垢

烤肉好吃的秘诀

一块肉被架上烤炉，被火烤得不断冒油时，会发出"滋啦啦"的响声。伴随着响声，肉的颜色发生变化，泛起诱人的色泽，香气也渐渐浓郁，钻入鼻孔。当它终于被烤好端到人们面前时，大家迫不及待咬上一口，真是十分满足。其实不管是烤肉还是其他食物，食材能变成美味佳肴，都离不开神奇的美拉德反应。

在食物烹饪的过程中，还原糖等**羰基化合物**与**游离氨基酸**等氨基化合物之间会发生一系列复杂的化学变化，这就是**美拉德反应**，又叫**羰氨反应**。它会伴随多种不同风味物质的释放和类黑色素的产生，所以你会发现，很多你爱吃的美食都"有点黑"。虽然大部分食物本身都含有美拉德反应所必需的糖类和氨基酸等成分，但做菜尤其是做红烧、煎烤类菜肴时适当加点糖，将糖与富含蛋白质的原料一起下锅，更有助于美拉德反应的发生。此外，控制好火候、保持水量使锅不干等也可以促进美拉德反应的发生，提升菜肴的色、香、味。

食物含水量在 15% 左右的时候，美拉德反应最为活跃，因此煎、炸或烤出来的食物往往比蒸、煮出的食物更美味。

氨基酸

苹果晒黑了?

苹果切开之后，吃了一半，剩下的一半待会儿再吃吧。如果你这样做了，当你想吃另一半苹果时，你会发现它变色了，就像经常在室外工作的人皮肤变黑了一样。为什么切开的苹果会变色呢？是阳光把它晒黑了吗？

小实验: 是阳光把苹果晒黑了吗?

实验材料: 两块刚刚切开的苹果、一个密封的纸盒。

实验步骤:

1. 切开苹果。

2. 把其中一块苹果放在阳光下，另一块苹果放到不透光的纸盒里盖上。

3. 每过一会儿观察两块苹果，看看哪一块先变黑。

我们会发现，遮挡了阳光的那块苹果也变黑了，而且变黑的速度并不比另一块慢多少。也就是说，不是阳光把苹果晒黑的。

其实，苹果中含有一种特别的物质，名叫**多酚**。多酚类化合物生性活泼，它和空气里的氧气见面后发生了反应，产生了**醌类物质**。这种物质能让植物细胞变成褐色，这就是苹果变色的原因。

切开后的苹果变色，在科学上被称为酶促褐变。

苹果皮保护着果肉，让里面的酚类物质不会接触到氧气。

苹果从树上摘下来后，还在呼吸哟。

多酚是一类具有还原性的有机化合物，可以清除人体内的自由基、抗氧化、延缓衰老。它们不仅存在于苹果中，还广泛地存在于其他水果、中草药、茶叶中。

草药

山药

茶叶

水果

氮气：薯片守护者

小朋友们一定喜欢吃香香脆脆的薯片吧？你在购买薯片时有没有发现，薯片的袋子都是鼓鼓的，里面充满了气体？那么为什么要向薯片的包装袋中充气？充入的又是什么气体呢？

除薯片外，爆米花、糕点等也会采用充气包装；水果也可以用氮气进行保鲜。

薯片

薯片

薯片

爆米花

瓜子

氧化

将氮气充入轮胎可以提高舒适性，减少爆胎，延长轮胎的使用寿命。

　　一般来说，向薯片包装袋内充入气体主要有两个目的：第一是保持薯片的形状，充入气体有缓冲的作用，可以减少薯片因挤压和碰撞产生的破损；第二是防止薯片受潮和氧化，失去脆性，影响口感。因此，充入的气体必须无色无味无毒，而且不容易与薯片发生反应。综合以上两点，氮气就成了非常合适的选择。因为氮气无色无味无毒，而且化学性质稳定，不容易与其他物质发生反应，将氮气充入包装袋后，可以**有效隔绝氧气**，防止内部细菌滋生，食品保存的时间会更长久。

二氧化碳　氦气

除氮气外，二氧化碳以及稀有气体氦气等也可以用作包装袋的填充气。

氮气在除斑、除痘手术中常被用作冷冻剂，将斑和痘冻掉。

膨胀的面团

我们都吃过馒头和面包，松松软软，非常可口。如果你观察过制作过程，肯定发现面团在发面过程中会逐渐膨胀变大。这是因为发面时面团中会逐渐充满气体，那么这些气体是从何而来的呢？

小实验：酵母吹气球

准备酵母粉、清水、空瓶、气球和橡皮筋。

实验步骤：

1. 将清水倒入瓶中，加入一勺酵母粉，摇晃均匀后将气球套在瓶口，并用橡皮筋扎牢，等待几分钟，看看发生了什么。

2. 我们会发现，气球被"吹"起来了。

如果你足够细心，就会发现，人们在和面时会放入一种黄白色的粉末，这种粉末叫作**酵母**。酵母在接触面粉后会经历**有氧呼吸**和**厌氧发酵**两个阶段，而厌氧发酵正是面团膨胀的关键，在这个阶段，酵母会产生二氧化碳，二氧化碳越来越多，就像在面团里充了气一样，面团自然就会像气球一样膨胀起来了。如果这时将面团放入蒸锅或烤箱中加热，二氧化碳受热继续膨胀，面团还会变得更大。

发面时使用的酵母是一种活性干酵母，它是利用现代技术将鲜酵母压榨干燥，脱水后制成的，通常为细条状的干粉。

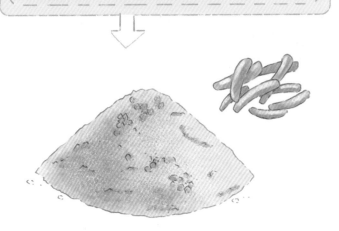

酵母是一种有生命的微生物，它们喜欢糖分，而面粉的最主要成分就是糖类物质。

把鸭蛋变成松花蛋

松花蛋又叫皮蛋，是我国特有的一种美食，不但味道可口，而且表面还凝结着一朵朵漂亮的"松花"。制作松花蛋首先要准备灰料：先将纯碱和食盐放入容器，冲入开水，等它们完全溶解后分批加入生石灰和草木灰，当生石灰全部"化"开时，灰料就配制好了。在灰料中适当加入一些稻壳或麦糠，然后均匀地涂在鲜蛋上，等待两个月，美味的松花蛋就可以吃了。

生石灰是氧化钙，遇水后会放出大量热量，并产生白色沉淀物氢氧化钙，也就是熟石灰。

生石灰

草木灰

麦糠

虽然制作松花蛋的过程比较简单，但其中却蕴含着一系列复杂的化学反应。首先，生石灰遇水后会转化成熟石灰，然后熟石灰再与纯碱反应，生成碳酸钙和氢氧化钠，同时草木灰中的碳酸钾也与熟石灰反应，生成碳酸钙和氢氧化钾。氢氧化钠、氢氧化钾等都是具有强烈腐蚀性的**苛性碱**，而碱性溶液具有使蛋白凝胶的特性，所以鲜蛋放入这样的溶液中就变成富有弹性的松花蛋了。

松花蛋上的"松花"是氢氧化钠通过蛋壳上的细孔深入到蛋里后，与氨基酸化合产生的氨基酸盐。

松花蛋的历史可以追溯至元朝，元代农学家鲁明善创作的《农桑衣食撮要》中就记载了松花蛋的制作工艺。

淀粉里的大能量

说起淀粉，大家一定不会陌生，它是人类粮食的主要成分。我们一日三餐中的米饭、馒头、玉米等食物中都含有淀粉，炒菜勾芡也离不开它。淀粉进入我们的身体后，会转变成葡萄糖，葡萄糖与血液中的氧气结合就会产生热量，这正是人体所需的大量能量的来源。

淀粉属于高分子化合物，由葡萄糖聚合而成，因此它的很多化学性质与葡萄糖类似。储存在淀粉中的能量形式是化学能，属于短能量形式。植物进行呼吸作用时，吸收氧气，分解淀粉，产生二氧化碳和水，释放出能量。

我国的科学家通过人工合成，已经实现了将二氧化碳转化成淀粉。

自然界中的淀粉主要是植物通过光合作用固定二氧化碳产生的。

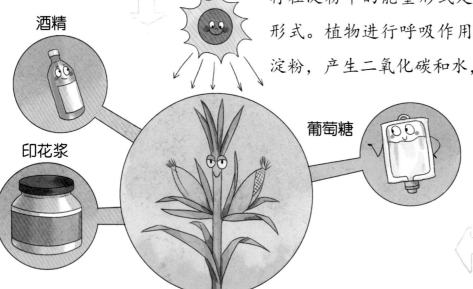

酒精

印花浆

葡萄糖

淀粉在工业领域也很重要，可以制造葡萄糖、酒精等，还可以用于纸张制造。

米、面、豆、土豆、红薯、莲藕、芋头等食物中都含有大量的淀粉。

欢迎

唾液

麦芽糖

胰淀粉酶

十二指肠

调料的秘密

我们吃的食物美味，离不开调味品的作用，甜味离不开糖，咸味离不开盐，酸味离不开醋。这些调味品能呈现出不同的味道，与它们本身的化学性质有着密切的关系，不同的化学成分，会引起不同的味觉。

咸味是化合物中中性盐所体现的味道，比如氯化钠、氯化钾、氯化铵等都有咸味，且钾盐、铵盐还有些苦涩。我们生活中咸味的主要来源是食盐，食盐的主要成分是氯化钠，由于氯离子和钠离子的特性，氯化钠拥有较为纯正的味道。

甜味的主要来源你一定不陌生，那就是糖。甜味的产生主要是糖类化合物中一种叫羟（qiǎng）基的官能团在起作用，一般羟基数目越多就越甜。聚合度较低的糖类物质都有甜味，比如蔗糖、麦芽糖、葡萄糖、果糖。

蔗糖　　　葡萄糖

酸味由**有机酸**和**无机酸**电离的氢离子所产生。食醋、番茄酱都是常见的酸味调味品，常见的酸味来自醋酸、琥珀酸、柠檬酸、乳酸等。

麦芽糖　　　果糖

醋

有机酸一般都是弱酸，能参与人体正常的代谢，酸味远不及无机酸强烈。

各种盐的苦味程度和化合物的相对分子质量有关，相对分子质量越大，苦味等异味越重。

干燥剂是什么？

当我们打开一袋零食时，可能会看到袋子里还有一个小包，用手摸一摸，会发现里面有颗粒状或者粉末状的物质，这个小包里面到底有什么？为什么要放在零食中呢？其实这就是干燥剂，它能够吸收包装内的水分，使食品保持酥脆。

生活中常用的干燥剂有两种，一种是化学干燥剂，一种是物理干燥剂。最常用的化学干燥剂是**氧化钙**，它还有一个更被人熟知的名字——生石灰，它与水能够发生反应，产生氢氧化钙。物理干燥剂常用硅胶，虽然名字里有"胶"，但硅胶和胶水之间并没有联系，它是一种坚硬、多孔的小球，能够直接吸附大量水分，这也就是它能作为干燥剂的原因了。

干燥剂

面包

饼干

蛋黄酥

干燥剂

薄荷糖

干燥剂

千万不要把干燥剂吞进肚子里哦。

氧化钙作为干燥剂在使用时，只会非常缓慢地发生化学反应，很少出现危险。但如果将它直接放入水中，则会迅速产生大量的热，非常危险。

硅胶的主要成分与沙砾基本相同，都是二氧化硅，安全无毒。而且硅胶十分稳定，即使加热到 100 ℃ 也不会熔化。

硅胶

除了干燥剂以外，有些食品包装中还会放置脱氧剂，脱氧剂能够除去氧气，抑制好氧微生物的繁殖，防止食品变质。

千变万化的塑料

提起塑料，你一定不陌生，看看周围，你就能发现饮料瓶、食品包装袋等众多塑料制品。不难发现，塑料可以因不同的需求而被制成不同的形状，这就是塑料的特性。它们被加热后会变得非常柔软，而且具有很强的可塑性。通过设备便可以被塑造成特定的造型，这也是塑料这个名字的由来。

生活中常见的塑料大多来自同一种原材料——石油。将石油提炼之后，裂解成基础石化原料，再经过聚合反应得到**高分子聚合物**，最后添加辅助成分并进行塑形，这就是塑料的生产过程。不同塑料的性能千差万别，比如，**聚乙烯塑料**化学性能稳定，常被用于制作食品袋及各种容器；**聚丙烯塑料**无毒无味且耐高温，常被用于制作各种餐具；PA也就是尼龙，牢固耐磨，常被用于制作牙刷、网织袋等等。

最早，人们制造塑料的目的是代替象牙制作台球。

塑料是可回收资源，部分塑料制品上印有带数字的三角形回收标志，其中的数字代表了塑料的主要成分。

塑料的降解周期非常漫长，因此为了避免环境污染和资源浪费，废旧的塑料制品不能随意丢弃。

世界上所有的海洋都受到塑料的污染，联合国公布的数据显示，每年有100万只海鸟和10万只海洋哺乳动物因塑料污染而丧生。

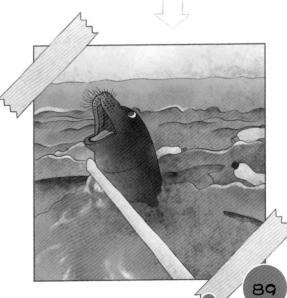

钙

镁

肥皂

使用肥皂清洗污渍时应尽量避免使用含钙离子或镁离子较多的硬水，否则肥皂中的脂肪酸会与钙离子、镁离子结合，降低去污能力。

肥皂让你变干净

我们生活中常用的肥皂，其主要成分是硬脂酸钠。硬脂酸钠遇水后，会电离出硬脂酸根离子和钠离子，硬脂酸根离子又可以分成两部分：一端喜欢水，我们叫它亲水基；另一端喜欢油，我们叫它憎水基。

衣服沾上油污后，把它浸在水中，接下来就轮到肥皂发挥作用了。当肥皂中的硬脂酸根离子进入水中后，亲水基就会进入水分子中，而憎水基则与油污结合在一起。此时，用力搓洗，油渍就会脱离衣物，憎水基将油污分散成更小的油滴，亲水基顺势将油滴颗粒包裹住，让它们不能再聚合成大油污。油污都变成细小的油滴漂在水里，此时再用清水冲洗一番，油污就能被轻松冲走了。

合成洗涤剂拥有更强的去污能力，且能节约大量的动物油脂，但其本身也会引起赤潮、水华等严重的环境问题。

脏物

肥皂分子

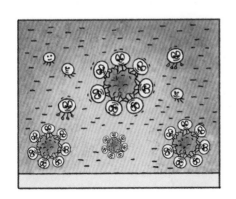

公元 70 年，罗马帝国学者普林尼用羊脂和草木灰制成了肥皂，后来这项技术传入英国，世界上最早的具有规模的肥皂厂便在英国诞生了。

在古代，人们会用一些天然物来洗涤衣物，最早使用的是草木灰和天然碱。

从古到今的化妆品

提起化妆品，我们第一时间想到的可能是那些五颜六色的瓶瓶罐罐，但如果探求它的历史，就会发现，它们可能自人类诞生之日起就出现了。原始社会时，人们会将动植物的油脂涂抹在自己的皮肤上，这样既可以掩盖体臭，又可以起到防晒、防寒及防虫的功效，还可以使身体肌肤看起来健康有光泽。

我国的化妆品历史十分悠久，战国时期人们就已经有了傅粉、画眉以及使用胭脂的习惯，且化妆品的种类也十分丰富，有使皮肤看起来更加白皙的妆粉、用于描眉的黛粉、充当腮红和口红的胭脂、装饰面部的花钿（diàn）和额黄等。不过当时这些化妆品的成分多为碳酸钙、硫化汞等化合物，虽然给人带来了美丽，但也在无形中伤害了使用者。

胭脂多由朱砂和油脂混合调成，能够防水且色泽鲜亮，但其主要成分硫化汞却有毒。

战国时期，人们用木炭等描眉，后来黛粉被"石青"也就是蓝铜矿取代了。

硫化汞

汉代以前的妆粉大多是米粉，后来逐渐变成了铅粉。

放眼世界，古埃及贵族4000多年前就用动植物油脂以及矿物油等护肤和美容。而到公元7世纪以后，阿拉伯国家已经开始采用蒸馏法加工植物花朵，提取其中的香精油来制作化妆品了。

古埃及人用铜绿和油脂混合制作眼线膏，这是化妆品雏形时期的典型代表。

古希腊人通过调和玫瑰花水、蜂蜡和橄榄油制成了最早的霜膏化妆品。

蒸馏加工法

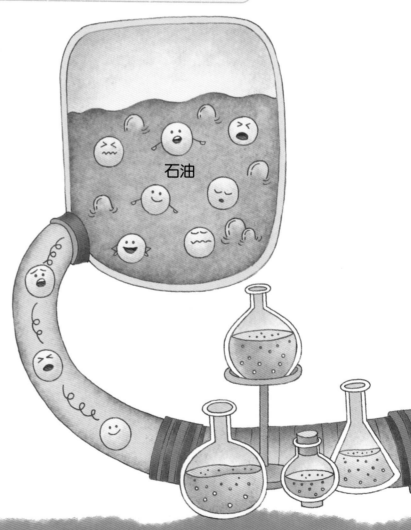

石油

欧洲工业革命后，化学、物理、生物、医药等学科的兴起催生了合成化妆品。到第二次世界大战后，生产商依托石油化工技术研发了以矿物油为主要成分，加入香料、色素等其他化学添加物的化妆品。但由于这种化妆品含有大量对肌肤有潜在伤害的化学添加物，因此皮肤也在保养中被下了"毒"。后来，人们逐渐认识到了合成化妆品的危害，追求回归自然的热潮也就在全球范围内掀起了。

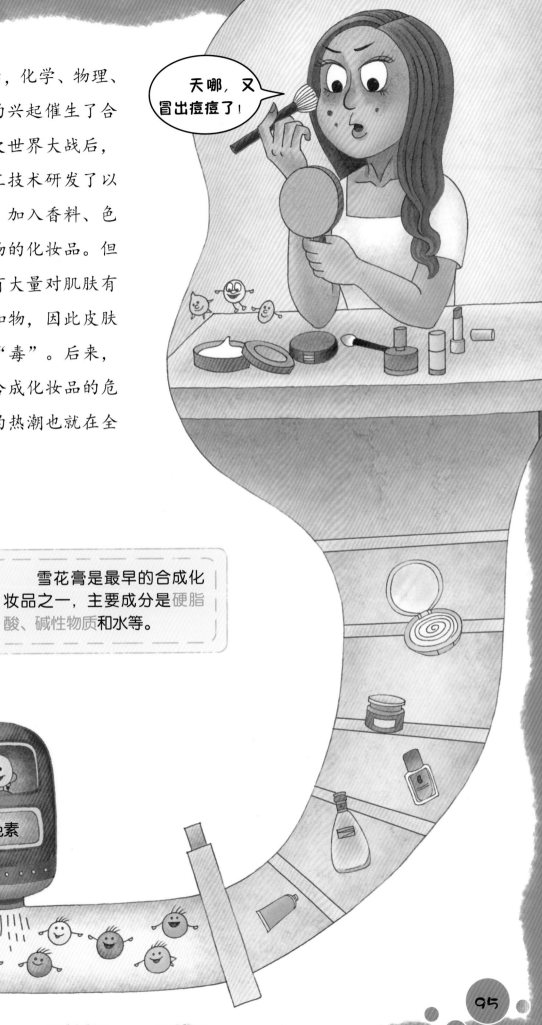

天哪，又冒出痘痘了！

雪花膏是最早的合成化妆品之一，主要成分是硬脂酸、碱性物质和水等。

香料

色素

电池里的电

随着日用电器的增加，电池的使用范围日益广泛，而手机的普及更使电池成为人们不可或缺的东西，那么你有没有好奇过，电池是怎样储存电能的？又是怎样释放电能，为电器提供能量的呢？

我们都知道，电池有**正极**和**负极**，它们是由不同成分的活性物质组成的，电池的正极和负极浸泡在能提供传导作用的电解质中。当电池连接在手电筒或收音机的电源装置上时，就能通过转换内部的化学能来提供电能，电池中的电就是这样产生的。

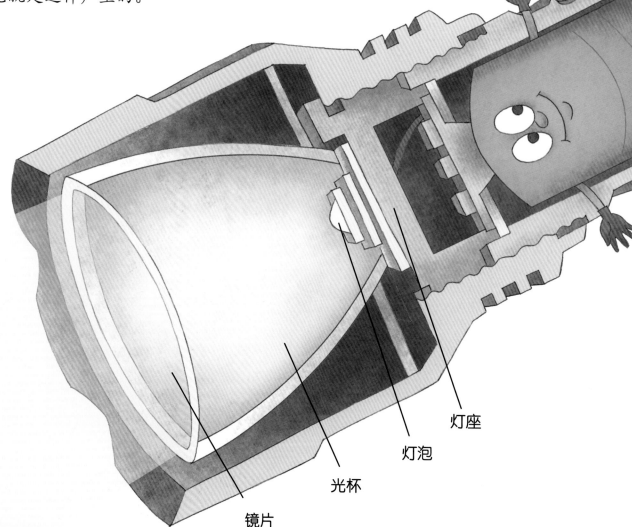

灯座

灯泡

光杯

镜片

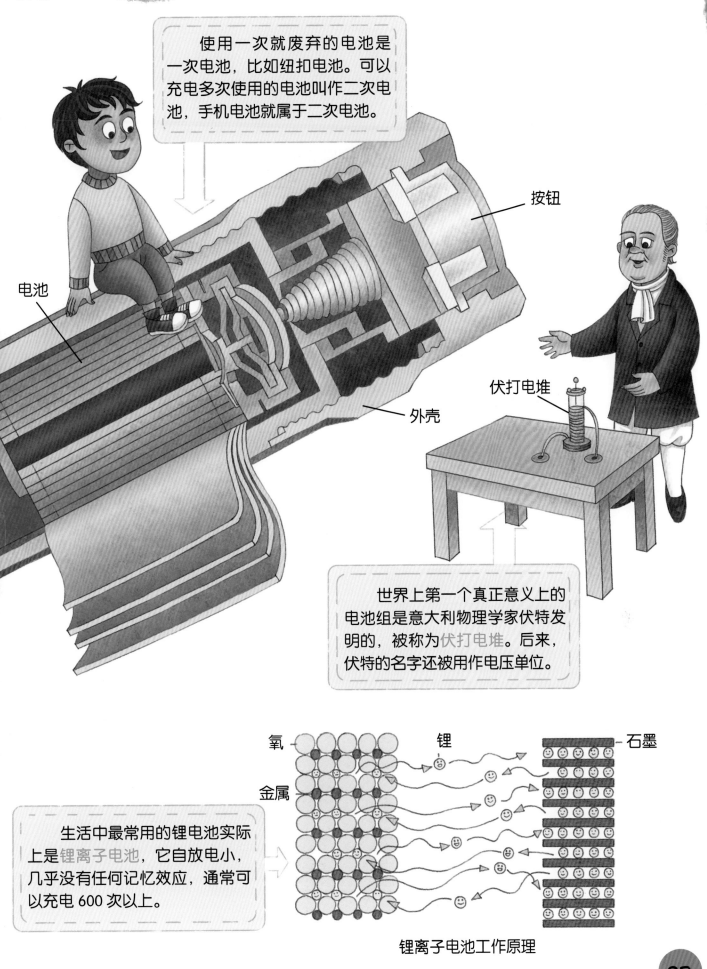

使用一次就废弃的电池是一次电池，比如纽扣电池。可以充电多次使用的电池叫作二次电池，手机电池就属于二次电池。

按钮

电池

外壳

伏打电堆

世界上第一个真正意义上的电池组是意大利物理学家伏特发明的，被称为伏打电堆。后来，伏特的名字还被用作电压单位。

氧

锂

石墨

金属

生活中最常用的锂电池实际上是锂离子电池，它自放电小，几乎没有任何记忆效应，通常可以充电 600 次以上。

锂离子电池工作原理

它们自己能发热

冬天天气太冷，打开一个暖宝宝贴在衣服上，马上就能感受到温暖；没有时间做饭，打开自热锅，倒入温水，很快就能吃上热气腾腾的饭菜。自热产品为我们的生活带来了诸多便利，而它们能够实现自热，都离不开化学反应。

自热锅的秘密就藏在它的加热包里，加热包中装的物质一般是**生石灰**，又叫氧化钙，氧化钙遇水会发生反应，生成**氢氧化钙**并散发热量，将化学能转化为热能，食物自然就被加热了。

盒盖

内盒

料包

发热包

暖宝宝的原料层的活性炭、水和无机盐就像一块原电池，但由于没有正负极，电子无法导出，因此形成短路，从而产生热量。

铁粉　活性炭
无机盐　氧气

妈妈，我贴了暖宝宝。

暖宝宝的反应原理其实就是铁的"氧化放热"原理。暖宝宝一般由原料层、明胶层和无纺布袋三部分组成，其中原料层中装有铁粉、活性炭、水和无机盐等。使用时打开包装，空气就进入了原料层，铁粉在与空气中的氧气发生反应时会散发热量，但自然条件下这种反应的速度是很慢的，这就需要活性炭、水和无机盐来促进反应，以达到加热所需的温度。

金属镁与空气结合也可产生大量热量，但速度很快，不易控制。

霓虹世界

每当夜幕降临，城市便进入了灯光的世界，而街头巷尾的霓虹灯绝对是不可或缺的角色，它们将城市装点得五光十色、绚丽多姿。那么霓虹灯是怎么发明的，又为什么能发出色彩斑斓的光呢？这就要从它的来源说起了。

霓虹灯诞生于 19 世纪末。当时，英国化学家雷姆赛和特拉弗斯通过化学方法将空气中的氧气和氮气去除后，发现了一种稀少的气体，他们将这种气体称为 "氖"。他们进而发现，如果将氖气密封于玻璃管中，并在两端通电，就能发出红光，这就是世界上第一个霓虹灯。

"氖" 在希腊文中是 "新" 的意思，写作 "neon"，音译正是 "霓虹"。

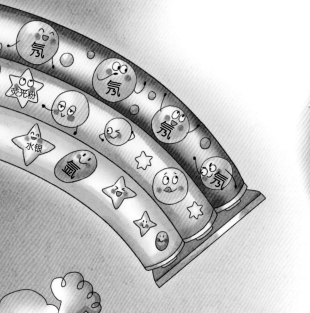

荧光粉

荧光粉

氩

水银

霓虹灯通电后发光的原理与闪电有相似之处，它们都是一种气体放电现象。

后来，人们把玻璃管制成各种形状或文字，并在其内壁涂上不同颜色的荧光粉，然后充入各种气体，霓虹灯的颜色也就各有不同了。比如在涂有蓝色荧光粉的灯管中充入**氩气**和**水银**能发出蓝色的光；在涂有绿色荧光粉的灯管中充入氖气可以发出橘红色的光，而充入氩气和水银则可以发出绿光。通过不同的搭配，霓虹灯也就变得五颜六色了。

绚烂的焰火

烟花自从被发明后，就为寂静的黑夜添上了一抹绚丽的色彩。每当你看到多姿多彩的烟花，会不会想，它是怎么发出这么多样颜色的呢？其实，这都要归功于一种物理变化——**焰色试验**。

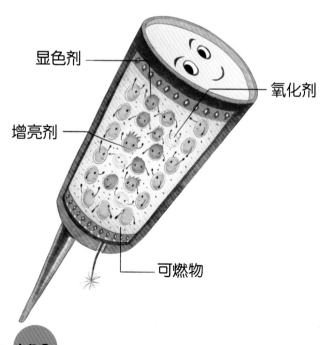

显色剂

增亮剂

氧化剂

可燃物

一个烟花主要由**可燃物、氧化剂、显色剂和增亮剂**这四部分组成。可燃物的主要成分是炭粉、硫黄等，它们负责燃烧和提供能量；氧化剂可以加剧可燃物的燃烧，主要成分是硝酸盐和氯酸盐等；显色剂的成分是钠盐、铜盐等金属盐，也是烟花色彩缤纷的主要原因；增亮剂可以让烟花看起来更加明亮绚烂，这是因为它的主要成分是镁粉、铝粉，这些物质在燃烧时会发出耀眼的白光。

钾　铅　钡　铜　钠　锶　锂

而所谓的"焰色反应"就与烟花中的显色剂有关。显色剂中的金属盐燃烧时产生的能量会以光的形式释放出来，发出特殊的火焰颜色，这就是焰色试验。又因为不同金属盐燃烧释放出的波长不同，所以我们看到的光的颜色也就不同了。

冷烟花是一种添加了燃点较低的金属粉末的烟花，通过燃烧喷射达到类似于烟花的效果。

烟花和爆竹是有区别的，爆竹中只添加火药，并不添加显色剂、增亮剂等化学物质，危险性也比烟花要高。

世界上最早的烟花可以追溯到我国的唐朝，《唐史》就曾出现过对烟花的明确记载。

石油的百变魔法

提起石油，我们最先想到的可能是加入汽车中的汽油，不过这只是石油众多用途中的冰山一角。虽然无法直观地看到，但石油却实实在在地覆盖了我们生活中衣、食、住、行等各个方面。

与石油有关的制品非常多，单是石油产品就有 500 多种，石油化工产品最少有 1500 种，而以石油为原料制成的各类精细化工产品就更多得数不胜数了。

化纤面料

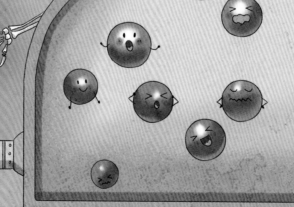

拿衣来说，如今涤纶、腈纶等各类**合成纤维**，以及各种合成染料，清洗衣物的洗衣粉、洗涤液，它们都是源于石油的产品。在吃方面，石油也是不可忽视的，食品的包装袋，种植粮食作物使用的化肥、农药也都有石油的身影。住的方面，现今装修使用的各种材料（比如墙漆、涂料等），都离不开石油。而在出行方面，石油又摇身变成了各类燃料油，就连汽车、飞机以及轮船的很多部件也都是石油产品。

虽然印象中的石油是黑漆漆的，但实际上石油的颜色很丰富，有无色的，也有暗绿色、黄褐色、深褐色等多种颜色。

橡胶

塑料袋

杀虫剂

油漆

石油中的很多成分都能发出扑鼻的芳香气味，因此石油并不难闻。

煤气的燃烧

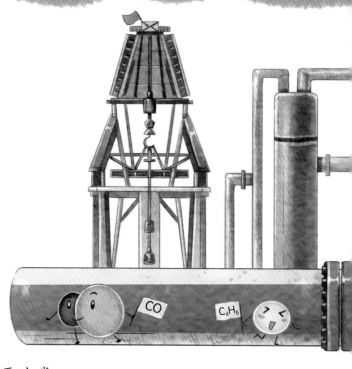

煤气是生活中最常用的燃料之一，种类繁多，成分复杂，一般可以分为天然煤气和人工煤气两大类。天然煤气是通过钻井从地底开发出来的，天然气和煤层气就属于此类。人工煤气则是利用固体或液体含碳燃料热分解或气化后获得的，焦炉煤气、高炉煤气、发生炉煤气和油煤气等属于此类。

煤气由多种气体组成，主要成分是一氧化碳、氢气、甲烷、乙烯、丁烯、氮气、二氧化碳、硫化氢等。其中一氧化碳的含量最高，对人体的毒害也最大，我们常说的煤气中毒就是指一氧化碳中毒。一氧化碳无色无味，被吸入人体内后会与血红蛋白结合。一氧化碳与血红蛋白结合的能力要比氧气强得多，结合之后又

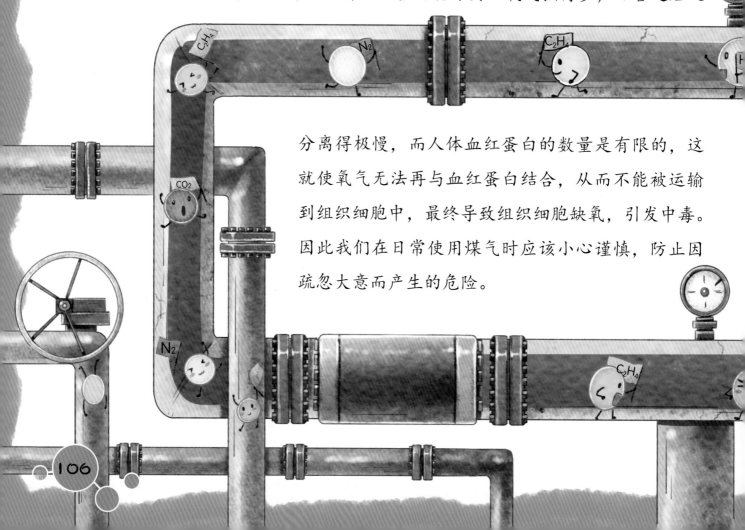

分离得极慢，而人体血红蛋白的数量是有限的，这就使氧气无法再与血红蛋白结合，从而不能被运输到组织细胞中，最终导致组织细胞缺氧，引发中毒。因此我们在日常使用煤气时应该小心谨慎，防止因疏忽大意而产生的危险。

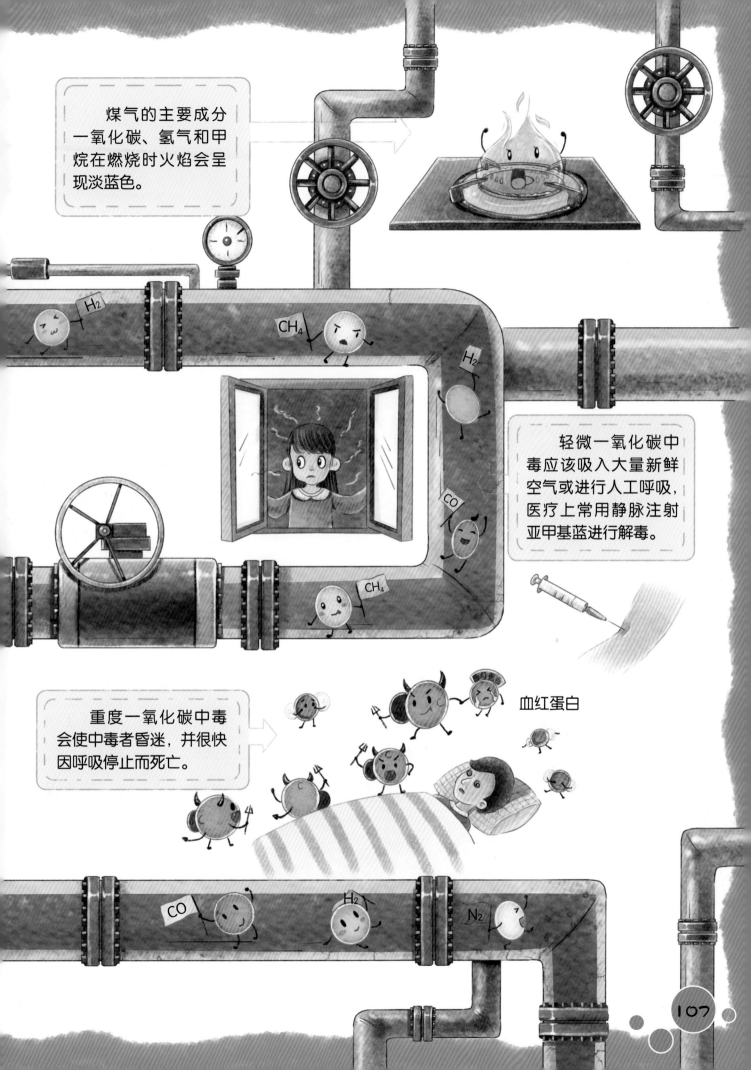

煤气的主要成分一氧化碳、氢气和甲烷在燃烧时火焰会呈现淡蓝色。

轻微一氧化碳中毒应该吸入大量新鲜空气或进行人工呼吸，医疗上常用静脉注射亚甲基蓝进行解毒。

重度一氧化碳中毒会使中毒者昏迷，并很快因呼吸停止而死亡。

血红蛋白

雾霾来袭

　　雾霾是雾和霾的合称，虽然我们常把两者连起来说，但它们其实是两种不同的天气现象，且区别也很大。雾主要由大量微小的水滴和冰晶组成，呈乳白色；而霾是由大量极细微的颗粒物组成的，多为黄色或灰白色。

雾对人体和环境没有什么坏处，但霾却不同。霾的主要成分是**灰尘、硫酸盐、硝酸盐**以及**气溶胶粒子**等细小的颗粒物，它们大多来自工厂废气、汽车尾气以及建筑扬尘等，总的来说就是大气污染。如果长期吸入霾，会使人患上急性鼻炎和支气管炎，甚至还会诱发肺癌、心绞痛和心肌梗死等病症。而且，霾还会造成酸雨，影响农作物的生长，危害自然环境。近年来，在国家的努力下，我国的雾霾现象已经大有好转了。

　　空气不流通是雾霾长期存在的一大原因，有风吹来时雾霾会消散得更快。

　　通常，我们用 $PM_{2.5}$ 表示雾霾中的颗粒物，其中"PM"是颗粒物的英文简称，"2.5"则表示颗粒物的直径，单位是微米。

香气物质和臭气物质一般都具有挥发性，这样才能被我们的鼻子感受到。

香香的和臭臭的

在生活中，我们都喜欢香的东西，比如花香和食物香，而总是对臭的东西避而远之。香和臭像一对矛盾体，总是站在对立面。那么，香和臭是如何产生的？它们之间又有什么样的区别呢？

香气物质大多是脂肪酸类化合物、芳香族化合物、萜（tiē）类化合物以及部分杂环化合物等。通常，水果蔬菜中的酯、醛、萜、酮构成了它们的香气，禽畜

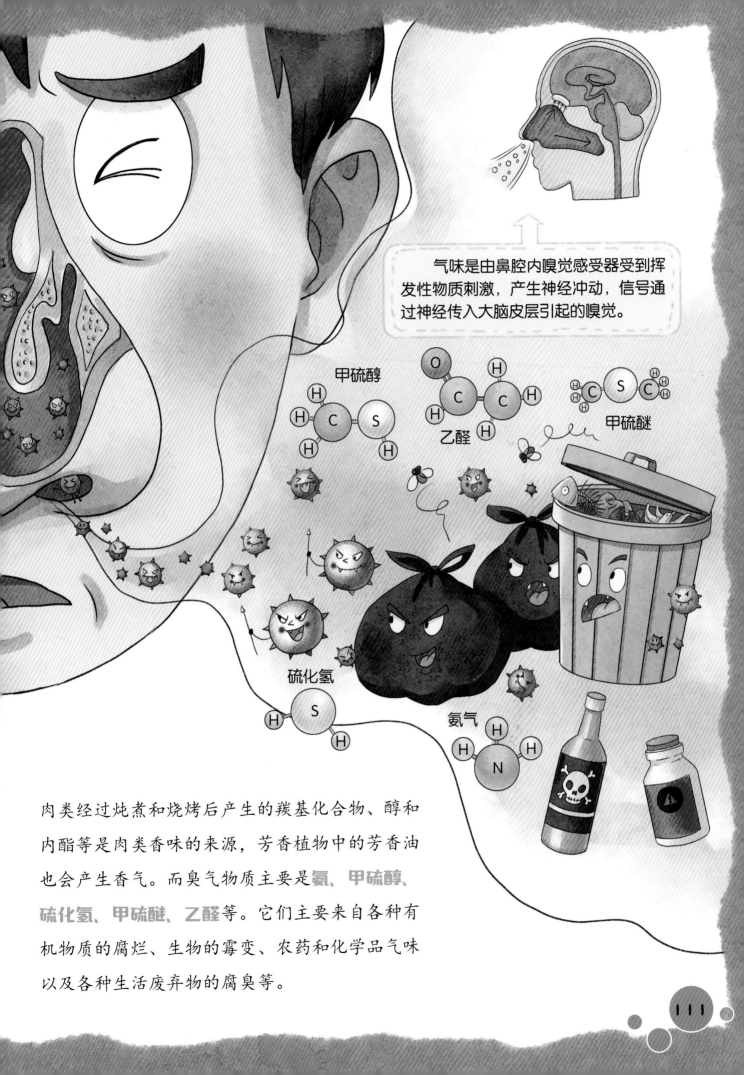

气味是由鼻腔内嗅觉感受器受到挥发性物质刺激，产生神经冲动，信号通过神经传入大脑皮层引起的嗅觉。

甲硫醇

乙醛

甲硫醚

硫化氢

氨气

肉类经过炖煮和烧烤后产生的羰基化合物、醇和内酯等是肉类香味的来源，芳香植物中的芳香油也会产生香气。而臭气物质主要是**氨、甲硫醇、硫化氢、甲硫醚、乙醛**等。它们主要来自各种有机物质的腐烂、生物的霉变、农药和化学品气味以及各种生活废弃物的腐臭等。

萤火虫

化学武器

植物指示语

橡胶

Part 4 自然界的化学

光合作用

萤火虫体内荧光素和荧光素酶的反应效率极高，这使得它们反应时的能量几乎全部以光的形式释放，人类目前还没有办法制造如此高效的光源。

一闪一闪的萤火虫

也许你在现实中从未见过萤火虫，但你应该从不同途径见识过萤火虫的点点光辉。可是，萤火虫身上又没有电池和灯泡，是怎么发出光来的呢？

原来，萤火虫的发光被称为生物发光，它们的体内有专门的发光细胞。每个发光细胞内都有两种化学物质，分别是**荧光素**和**荧光素酶**。在荧光素酶的催化下，荧光素会消耗ATP（生物体内最直接的能量来源），并且与氧气发生反应，产生激发态的氧化荧光素，而当氧化荧光素从激发态回到基态时，就会释放出光子了。

萤火虫发光的目的是定位并吸引异性，或利用闪光进行捕食和发出警戒。

每到萤火虫的繁殖季节，美国田纳西州大烟山国家公园的埃尔克蒙特都会聚集大量萤火虫，它们集体发光的景象十分壮观。

除了萤火虫外，某些水母、昆虫以及深海鱼类也能发光。

ATP 的全称是腺嘌呤核苷三磷酸，是生物体细胞用来储存能量的化合物。

O_2

ATP

CO_2

H_2O

（CH_2O）

动物们的化学武器

　　自然界中的动物千千万，它们在自然演化中都有了用于自卫或者用于捕食的武器，比如老虎和狮子有锋利的齿爪，犀牛和大象有强大的力量。而除了这些物理武器外，不少动物还是十分高明的化学家，它们利用自身强大的化学武器，在动物界赢得一席之地。

硫化物

　　黄鼠狼学名黄鼬，在动物界"臭名昭彰"，它们的肛门旁生有一对臭腺，在遇到危险时会放出臭气，驱赶敌人。而它的臭腺放出的气体之所以非常臭，是因为其中含有多种硫化物，因此气味恶臭刺鼻。

蜘蛛可以称得上是顶级建筑师，它们的建筑材料——蛛丝就是一种天然化合物。蛛丝的主要成分是甘氨酸、丙氨酸、小部分丝氨酸以及其他氨基酸单体蛋白质分子链。这些化学成分正是蛛丝具有韧性与强度的原因。

丙氨酸　　　　丝氨酸

甘氨酸

蛇是用毒的高手，赤尾青竹丝蛇利用毒牙给猎物注射血液毒素，能引起严重出血、肌肉坏死，让猎物在丧命之前极度痛苦；而黄唇海蛇使用神经毒素，几乎可以瞬间麻痹受害者，让它们"安详"去世。

与能自我产出毒素的蛇不同，树毛虫学会了从罗布麻中提取毒素，储存在自己体内。这种毒素可以一直留存到它们蜕变成蝴蝶，捕食者即使捉到它，也无从下嘴，只能将它放走。

植物指示语

植物在生活中随处可见，也许你的家里就养着几盆，它们虽然不会说话，却可以告诉我们很多信息，比如气候状况、空气质量、地下水深度等等。科学家们将具有这种特性的植物称为指示植物。

化学领域的指示植物有很多。比如铁芒箕生长的土壤呈酸性，有柏木生长的土壤呈石灰性，很多碱蓬是强盐渍化土壤的指示物，荨草则是土壤中氮元素丰富的标志。

不同植物对不同金属元素也有不同的反应，可以用作金属元素的指示植物。比如洛阳石竹与金矿相伴而生；海洲香薷则能指示铜矿的位置……

环境指示植物可以指示其生长地区的环境污染状况，比如多种苔藓植物对大气中的二氧化硫十分敏感。

潜水指示植物可以指示潜水埋藏的深度、水质等，比如柳树可以指示淡潜水，骆驼刺可以指示微咸潜水。

桫椤

柳树

骆驼刺

气候指示植物可以指示其生长地区的气候状况，比如桫椤通常生活在热带或亚热带地区。

橡胶树的"眼泪"

　　提起橡胶这个名字你也许有些陌生，但是如果仔细看看身边的物品，你会发现很多都是由橡胶制造的。比如橡皮、手套、轮胎、电线的绝缘层等等。可以说，橡胶是日常生活中应用最广泛的材料之一。那么橡胶是从何而来，又是怎样制作的呢？

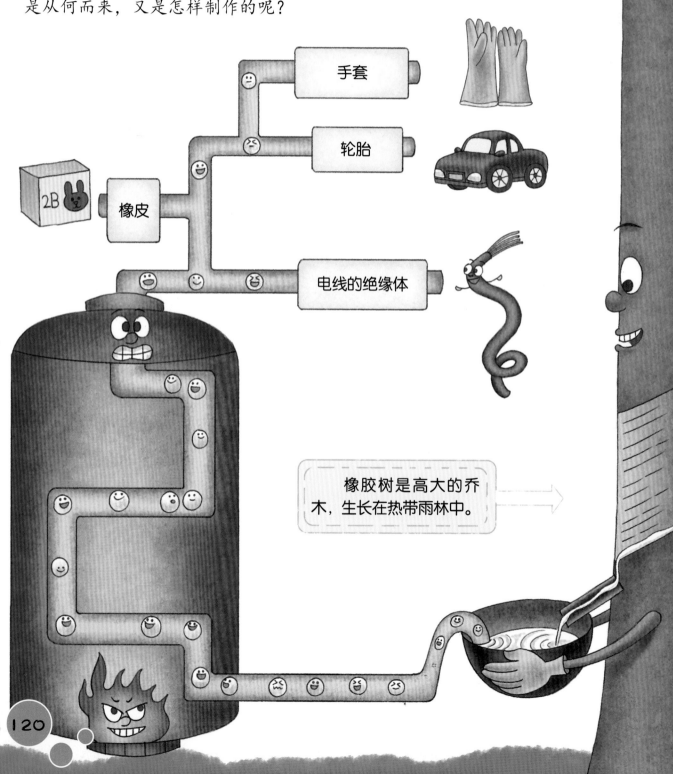

手套

轮胎

2B

橡皮

电线的绝缘体

橡胶树是高大的乔木，生长在热带雨林中。

除了天然橡胶，人们还用化学方法合成了橡胶，也就是合成橡胶。丁腈橡胶、顺丁橡胶、丁苯橡胶等都是合成橡胶。

轮胎

油管

胶鞋

世界上使用的天然橡胶绝大部分来自橡胶树，只要割开橡胶树的树皮，就会有白色的胶乳流淌出来，胶乳经过凝固、干燥后就称为**天然橡胶**。南美洲的印第安人是较早发现和使用橡胶的，他们将橡胶树称为"会流泪的树"，把胶乳形象地比喻为橡胶树的"眼泪"。除了天然橡胶，种类繁多的**合成橡胶**也因其出众的性能逐渐被广泛运用。

印第安人是最早利用天然橡胶制作生活用品的，另外他们还用橡胶制作了一种游戏道具——弹力球。

光合作用

说到植物的**光合作用**，你可能会觉得很陌生，但我们的生活与它密切相关，可以这样说，几乎所有生物的生存，都要依赖光合作用。而对于植物本身来说，光合作用更是不可或缺的。这其中的原因，等了解光合作用后自然就明白了。

18世纪，荷兰科学家英格豪斯发现植物能够清新空气，这种作用在阳光下才能进行，只有植物的绿色部分才能发生这种作用。

绿色植物利用太阳的能量，把二氧化碳分子和水分子巧妙地转化成有机物，同时释放出氧气，这个过程就叫作光合作用。

光合作用产生的有机物主要是糖、淀粉等碳水化合物。

植物通过光合作用将太阳能转换为化学能，供给植物生长，也为整个食物链提供了能量。

O_2

阳光

CO_2

我们呼吸的氧气、吃的食物，其实都是直接或间接通过植物的光合作用获得的。

H_2O